BIOLOGICAL MYSTERY SERIES
生物ミステリー

プロが真面目に飼育施設を考えてみた

古生物動物園のつくり方

著 土屋 健

イラスト原案 黒丸 絵 土屋 香

飼育監修 天王寺動物園 佐野祐介

生物監修 古生物動物園研究者チーム

技術評論社

はじめに

地質時代に栄え、姿を消し、かつて存在した証拠として化石を残す生物を「古生物」とよぶ。つまり「古生物」とは、本来は〝滅びた生物〟を指す。

西暦20XX年、その古生物が、生きている状態で確認されるようになった。

当初は、「滅びたとみなされていたけれど、じつは命脈を保っていた」と認識された。「あの生き物たちがじつは生きていた！」と人々はシンプルに喜んだ。

しかしほどなくして、〝時空を歪める謎の霧現象〟が発生し、その〝霧〟を通って古生物が現代世界に現れるようになったことが明らかになった。この現象は、〝出現〟とよばれている。この現象に関しては、物理学者を中心に解析が進んでいる。本書とはまた別の話なので、ご興味をおもちの方は、〝そちらの本〟をご覧いただきたい。

さて、「〝出現〟した古生物」である。

当初、人々は自由にそうした古生物を捕まえ、狩っていた。ペットにしたり、食料としたり……文字通り「自由」に扱っていた。

しかし、「〝出現〟した古生物」のなかには、人々の生活を脅かすものもいた。直接襲いかかってくるもの、家畜などを襲うもの、生態系の一部を壊すものなど、さまざまな影響がみられるようになった。

〝出現〟がはじめて確認されてから、ＸＸ年。

古生物を含めた野生動物の保護や研究を統括する「国際自然史保護連合（International Union for Conservation of Natural History：ＩＵＣＮＨ）」が国際連合に発足する。多くの国々が加盟し、組織的な対応が始まった。

なにしろ私たちは、古生物に関する情報をほとんど知らない。保護をするにも、駆除をするにも、判断する材料がないのだ。

その状況を受けて、「国際古生物保護条約」が制定された。人類社会に影響を与えそうな古生物を中心にカテゴリー分けして、条約調印国に保護を促すとともに、ＩＵＣＮＨ指定の動物園や水族館で、その生態等を探るための飼育がおこなわれることになった。

本書は、ＩＵＣＮＨ指定動物園の設計と飼育方法をまとめた1冊である。

本当のはじめに

……という世界観のもとにつくりあげた本が、この1冊です。

コロナ禍前の２０１９年、筆者は『古生物食堂』を上梓しました。その本では、現代世界に〝現れた〟古生物をしっかりと調理して、美味しくいただいています。

この本を上梓した当初から、知人に指摘されていたことがあります。

「食べる前に、飼うじゃないの？」

……はい。まさしく、その通りですね。

そこで、まだコロナ禍が始まる前の『古生物食堂』のイベント打ち上げ会で編集さんと企画を立ち上げたのが、この『古生物動物園のつくり方』と、同時期に刊行する『古生物水族館のつくり方』です。どうせ「飼う」のであれば、どのように捕獲するのか、どのような施設が必要なのか、「動物園のつくり方」から本にしてしまおうという1冊にしました。

メンバーとして古生物学者は必要な人材です。そして、飼育するうえで「飼育のプロ」である動物園やスタッフの存在も欠かせません。また、ＩＵＣＮＨという組織の理解と啓蒙、予算を獲得するためにも、その動物園は原則的に公開施設である必要があります。

本書を制作するにあたって、リアルな古生物学者のみなさんには、現時点で知られている限りの生態の情報や「もしも、自分が捕獲するとすれば」などのさまざまな相談にのっていただきました。そして、天王寺動物園の獣医師である佐野祐介さんには、「予算と面積を気にせずに」そうした古生物を飼育するためには、どのような施設が適当といえるのかを細部に至るまでご検討いただきました。結果、佐野さんをして「全部見るのに3日はかかる」といわしめる広大な動物園ができあがりました。

みなさんにも、「古生物の動物園をつくる楽しさ・見る楽しみ」を味わっていただけましたら幸いです。

2023年11月　土屋　健

古生物動物園 目次

地質年代表

約258万年前～現在	新生代	第四紀
約2300万～258万年前		新第三紀
約6600万～2300万年前		古第三紀
約1億4500万～6600万年前	中生代	白亜紀
約2億100万～1億4500万年前		ジュラ紀
約2億5200万～2億100万年前		三畳紀
約2億9900万～2億5200万年前	古生代	ペルム紀
約3億5900万～2億9900万年前		石炭紀
約4億1900万～3億5900万年前		デボン紀
約4億4400万～4億1900万年前		シルル紀
約4億8500万～4億4400万年前		オルドビス紀
約5億3900万～4億8500万年前		カンブリア紀

古生物動物園
園内マップ

Zone
A 館ゾーン

1 始祖鳥
2 イー
3 メイ
4 ミクロラプトル
5 コエルロサウラヴス
6 ヴォラティコテリウム
7 ミアキス
8 ディプロカウルス
9 スクレロセファルス
10 エリオプス
11 カストロカウダ
12 プロトケラトプス
13 オルニメガロニクス
14 デイノニクス
15 パレオカスター
16 ケナガマンモス
17 ケツァルコアトルス&ツパンダクティルス

Zone
B 平野ゾーン

18 ディメトロドン
19 ステゴサウルス
20 マメンチサウルス
21 トリケラトプス
22 ニッポノサウルス
23 アンキロサウルス
24 デイノケイルス
25 ガストルニス
26 エオヒップス
27 ディイクトドン
28 モスコプス

Zone
C ふれあい広場

29 エウロパサウルス
30 プシッタコサウルス
31 ファルコーネリゾウ

Zone
D ゾウの進化&肉食ゾーン

32 メリテリウム
33 マムート・ボルサニ
34 ナウマンゾウ
35 アロサウルス
36 イノストランケヴィア
37 アンドリューサルクス
38 スミロドン
39 ティラノサウルス

Zone
E 水辺ゾーン

40 マチカネワニ
41 コティロリンクス
42 チャンプソサウルス
43 ハイファロサウルス
44 スピノサウルス

古生物の保全研究を目的とする当動物園は、高さ5mの外壁に囲まれています。

また、各ゾーンの間には人工河川が流れており、橋以外からゾーン間を行き来することはできません。

このマップはあくまでもイメージであり、実際には当動物園はかなり広大で複雑です。

移動にはぜひ、外壁の上を走る「ロストワールド鉄道」をご利用ください。

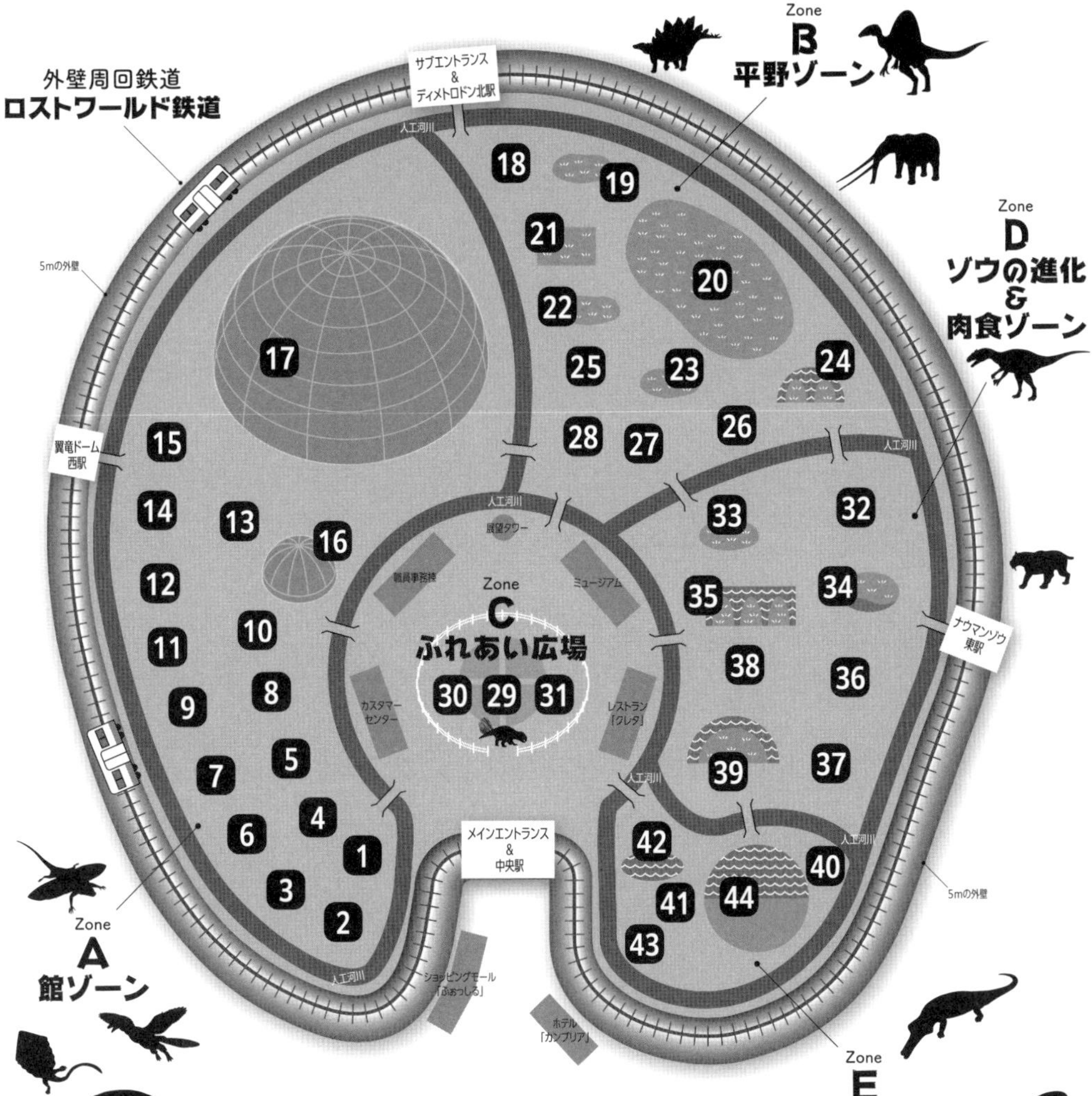

PALEONTOLOGICAL ZOO

Zone A 館ゾーン

この動物園で、最も多くの古生物が飼育されているゾーンです。それぞれの種に応じた多彩な“館”が用意されており、みなさんを多様な古生物の世界へと誘います。巨大なドームでは翼竜に、氷期を再現した「氷期空間」ではケナガマンモスに会うことができます。そのほかにも、夜行性の古生物を飼育する館もあり、みなさんを飽きさせませんよ。

1 始祖鳥
2 イー
3 メイ
4 ミクロラプトル
5 コエルロサウラヴス
6 ヴォラティコテリウム
7 ミアキス
8 ディプロカウルス
9 スクレロセファルス
10 エリオプス
11 カストロカウダ
12 プロトケラトプス
13 オルニメガロニクス
14 デイノニクス
15 パレオカスター
16 ケナガマンモス
17 ケツァルコアトルス＆ツパンダクティルス

古生物監修
田中公教
兵庫県立大学

知名度ナンバー1の太古の鳥

始祖鳥

学校の「理科」の教科書に載る古生物がいくつかいる。その筆頭といえるのは、「アーケオプテリクス」だろう。

……え？　「知らない」？

では、和名であれば思いあたるかもしれない。

アーケオプテリクスは、「始祖鳥」の名でも知られている。

19世紀以来、高い知名度を誇り続けるこの鳥類は、国際自然史保護連合によって、積極的な飼育と研究が推奨されている。

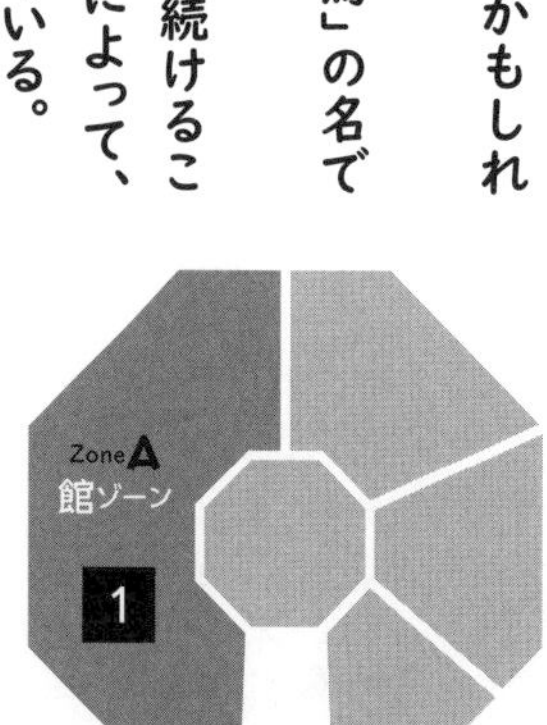

学名：*Archaeopteryx*
分類：鳥類
本来の生息時代：中生代ジュラ紀
古生物保護条約カテゴリー「C」

飛ぶのはあまり得意じゃない？

地中海北部の断崖を訪ねると、カラスほどの大きさの鳥を見かけることがある。

でも、明らかにカラスとはちがう。

よく見ると、鳥類の割には胸が薄いことに気づくかもしれない。鳥なのにクチバシがなく、細長い口の中に小さな歯が並んでいる。

そして、力強く羽ばたくことがない（※1）。

この鳥の名前は「アーケオプテリクス」（※2）。

和名は「始祖鳥」という。

もともとは、ドイツ南部の内陸に〝出現〟した古生物だ。しかし、温暖な気候を求めて南下し、現在ではもっぱら地中海沿岸に生息している（※3）。

野生の始祖鳥は、自ら羽ばたいて飛ばず、もっぱら滑空によって狩りをしている。おもな獲物は昆虫だ。飛行能力はさほど高くないため、後ろからそっと近寄れば、簡単に捕獲することができる。

とはいえ、無許可でそれをおこなうと犯罪になる。

始祖鳥は、かのチャールズ・ダーウィンが『種の起源』で紹介した古生物（※4）。恐竜類から鳥類が誕生した過程を知るうえで、重要な種と位置づけられている。

日本も加盟している国際自然史保護連合（ＩＵＣＮＨ）は、早い段階で企業や個人が無許可で始祖鳥を狩ることや捕獲することを禁止した。同時に、国際古生物保護条約で「カテゴリーＣ」、つまり、「教育的価値・研究的価値が高く、教育機関・研究機関における積極的な飼育と保全研究が求められる」に位置づけて、許可を与えた研究機関に保護をさせ、飼育を進めている。

条約発効直後は〝母国〟であるドイツの研究機関だけが飼育の許可を得ていた（※5）。しかし今日では十分な個体数が確認できているため、ＩＵＣＮＨの審査を通過すれば、ほかの国の研究機関でも始祖鳥を飼育・研究することができる。

崖はきれいに保つ

この動物園も、そんな許可を得た飼育施設の一つ。

始祖鳥のために用意されたのは、その名も「始祖鳥ケージ」だ。最大幅10メートル、奥行き10メートルの扇型のスペースが、高さ5メートルの金網製のケージですっぽりと覆

かつては、ドイツ本国でのみ飼育されることが許されていましたが、現在では専用のケージを設けるなどの審査基準をクリアすれば飼育できます。

われている。

扇の天にあたる縁が観覧場所。ケージは、扇の要……奥になるほど狭くなり、つきあたりには高さ3メートルほどの崖が用意されている。

来園者は、崖の上から目の前に向かって滑空してくる始祖鳥を見ることができるのだ。

ただし、崖は糞で汚れがちになり、見た目がよろしくない。

そのため、飼育員は日に1度は崖を水洗いし、週に1度はデッキブラシで擦り洗いをする。その排水を、来園者からは見えない位置にある崖下の溝からケージの外へと流すのだ。

崖以外の場所には、細かな砂が引かれている。そのほか、針葉樹の植栽がある（※6）。

ケージの中には、水飲み場と、暑い時の水浴び場も兼ねた池が用意されている。この池の掃除は、始祖鳥が寝ている時間帯を狙って毎日おこなわれる。

崖の中ほどと、地面の数カ所に屋根付きのエリアが設けられ、土が盛ってある。始祖鳥たちの産卵場所だ（※7）。冬に備えてヒーターも設置されている。運がよければ、抱卵をする始祖鳥を見ることができるかもしれない。

始祖鳥は、もともとある程度の暑さには耐えられる（※8）。ただし、近年の温暖化は始祖鳥にとってもきついかもしれない。そのため、ケージの天井部分には遠隔操作で日除けの傘が展開するようになっている。

現在、この始祖鳥ケージでは、オスとメスが2羽ずつ、合計4羽が飼育されている。すべての個体に、個体識別を目的とした足環を付けてある。

餌は、コオロギが中心で、まれにシルクワームや冷凍マウスなどを与える。崖の上と観覧場所前の2カ所に餌置き場を設置することで、始祖鳥たちの運動を促している。

崖の一部に扉があり、その扉の向こうに非公開エリアがある。2・5メートルの高さのある4畳ほどの小部屋と、同じくらいの高さのある2畳ほどの金網ケージだ。それぞれ3つ用意されている。

この非公開エリアは、ケガをした個体などを隔離、収容するための場所だ。

各小部屋と各金網ケージは、遠隔操作で開閉できる扉でつながっている。必要に応じて、始祖鳥たちは各ケージを行き来できるようになっている。

このほかに、非公開エリアには、繁殖をした後の個体が入る部屋も用意されている。近親交配を防ぐため、隔離されるのだ。そして、始祖鳥を飼育するほかの動物園の個体と交換される。

ちなみに、産まれた個体が成熟し、交配できるようになるまでは約2年かかる（※9）。

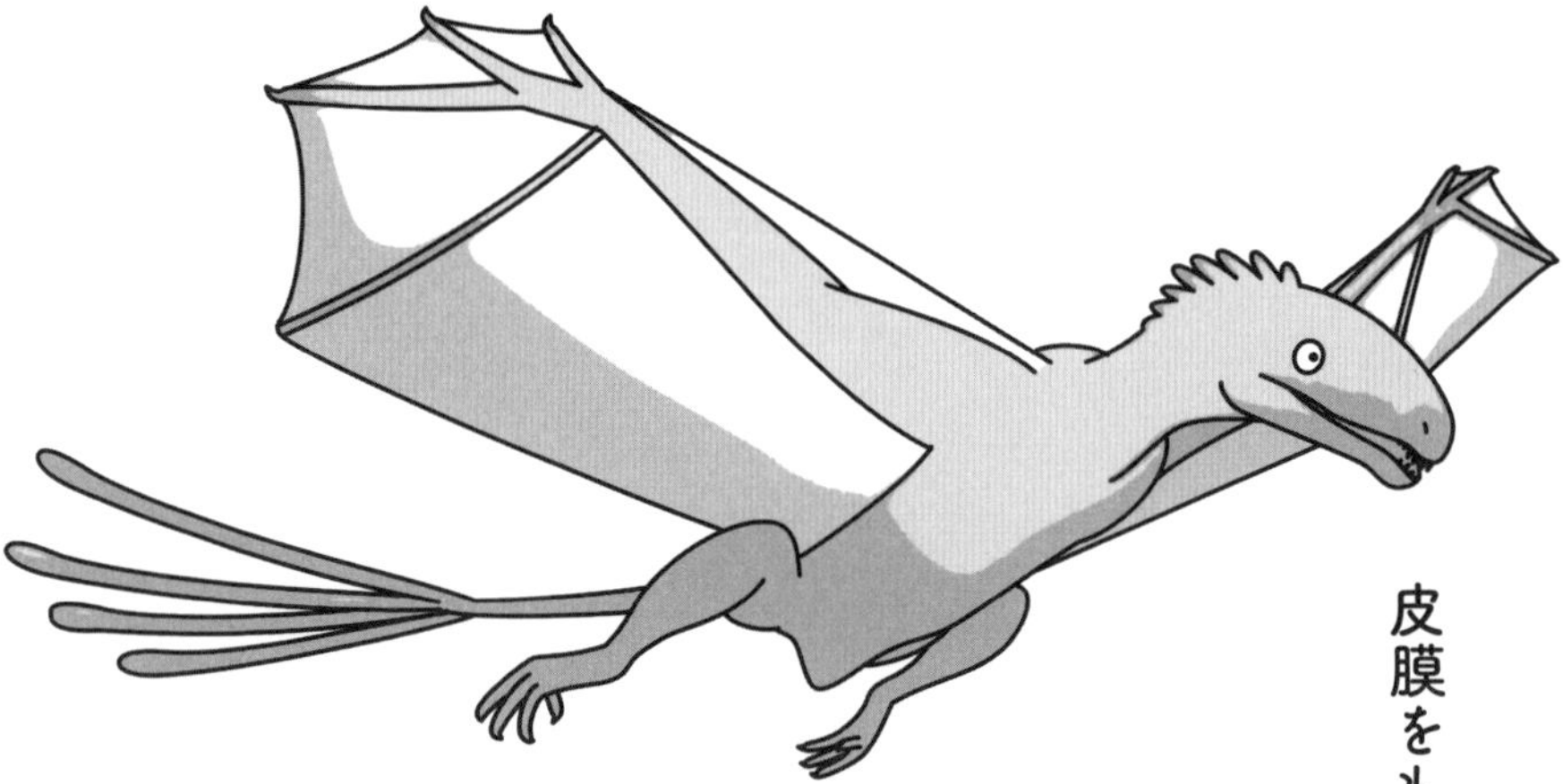

皮膜をもつ恐竜類

古生物監修
林 昭次
岡山理科大学

イー

鳥類以外の恐竜にも、「翼」をもつものがいる。ただし、その翼は、鳥類のように「羽根」でできているとは限らない。なかには、コウモリのように「皮膜」でできた翼もある。イーの翼がそうだ。

恐竜としては、ちょっと変わった姿をしたイー。生態はいまだに謎だらけで、飼育にあたっては試行錯誤が重ねられている。

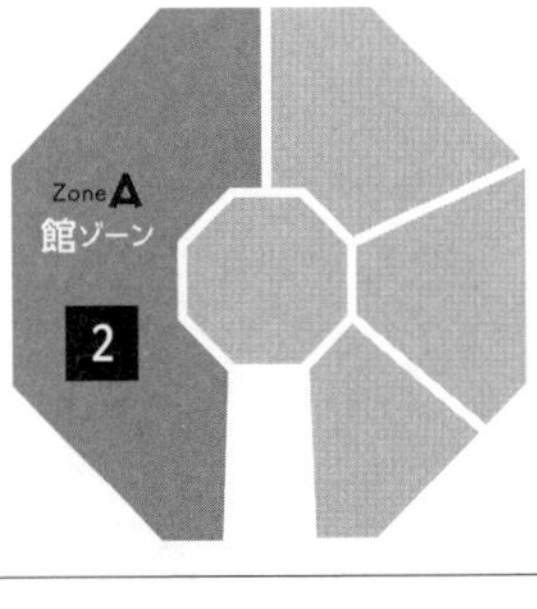

学名：*Yi*
分類：恐竜類
本来の生息時代：中生代ジュラ紀
古生物保護条約カテゴリー「C」

皮膜で空を飛ぶ恐竜

「イー館」の主人であるイー（※1）は、〝ちょっと変わった翼〟をもつ全長60センチメートルほどの恐竜だ。

恐竜には少なからず、翼をもつものがいる（※2）。そうした翼の多くは、鳥類の翼と同じように羽毛や羽根でできている（※3）。

一方、イーの翼は、コウモリのような「皮膜」だ。ただし、コウモリのように自分で羽ばたいて飛翔するわけではなく、パラグライダーのように皮膜で風を受け、樹木から樹木へと滑空する。

いまだ生態に謎の多いイーは、国際古生物保護条約によって「教育的価値・研究的価値が高く、教育機関・研究機関における積極的な飼育と保全研究が求められる」の「カテゴリーC」に位置づけられ、専門家による重要な研究対象となっている。

どこで眠り、卵を産むのか

この動物園のイー館では、オス3匹、メス3匹、合計6匹のイーが飼育されている。いずれも成体だ。この動物園では……というよりも、世界的にまだイーの繁殖には成功していない。

彼らの飛行は滑空である。つまり、基本的には高い位置から低い位置へと滑るように飛ぶ。自分の力で高く飛翔することはできず、そのため空へと飛んで逃げる心配はない。この生態を受けて、展示場の天井は開放されている。とはいえ、念のため壁の最上部には返しが付けられている。

一部には屋根のあるスペースも。屋根の高さは地上から3メートルほどで、広さは13畳といったところ（※4）。その下の透明なアクリルガラス越しに、観覧することができる。

展示場内には、高さ2・5メートルと1・5メートルの擬木が複数本、不規則に並んでいる。イーたちはそれほど長い距離を滑空できない（※5）ので、擬木の間隔は狭くなっている。2・5メートルの「高い擬木」は、頂上部にテーブルの天板のように横板を設置し、その上に餌の皿を置くことができる仕様となっている。

1・5メートルの「低い擬木」は、地上から1メートルほどの高さに餌台を置く仕様だ。この餌台はネズミ返しの役割も果たすので、イーは低い擬木の頂上には登ることはできない。彼らがこの餌台に到達するためには、高い擬木か

イーたちが滑空できるように、展示場には
さまざまな工夫がこらされています。

ら飛ぶしかないのだ。必然的に、運動が促されるつくりとなっている。

床には土が敷かれ、灌木があり、人工の池がある。イーの生態は謎が多く、その飼育は手探りでおこなわれている。

今のところ、野生のイーの巣は未発見だ。だから、自然界に〝出現〟したイーがどのような場所を寝床にしているかわからない。化石や、その化石を含んでいた地底の分析からも、寝床の特定には至っていない。この動物園では、擬木の上、擬木につくられた洞の中、灌木の中などに、ワラを敷いた巣箱をおいている。国際自然史保護連合（IUCNH）は、こうした実践を通してイーが好む寝床を確認し、いずれは野生のイーの巣の発見につなげたいと考えている。

ちなみに、この動物園で飼育しているイーは、6匹とも擬木の上の巣箱で寝ることが多い。ただし、常に同じ巣箱を使うとは限らないようで、専門家は頭を悩ませているらしい。

非公開の繁殖室

繁殖のタイミングを探るため、非公開の専用室が3部屋隣接している。基本的には展示場と同じつくりだが、こちらは天井が完全に閉じている。広さは4畳ほど。空調の管理ができるようになっており（※6）、紫外線ライトも設置されている。

この部屋で、ペアで飼育したり、オスとメスを分けて飼育したりして、繁殖に何が必要なのかを探っている。

無事、産卵にまでこぎつけたら、卵はバックヤードの孵卵室に運び込む予定だ。

餌は、鶏肉を中心に1回10グラム（※7）。そこにシルクワームやハニーワーム、ミルワームを少量混ぜ、カルシウムを添加している。給餌の間隔は3～4日に1回、ランダムな時間に与えている。

OLOGICAL ZOO
PALEO
WELCOME

メイ

寝ている姿を見たい！

古生物監修
久保田克博
兵庫県立
人と自然の博物館

動物には、「印象」というものがある。

イヌならば「駆け回り」、ネコならば「丸くなる」。

それは、人間が勝手に抱いているものでしかない。

でも、人々はその印象を確認しに動物園にやってくる。

「睡眠姿勢」が有名なメイも、そんな〝印象もち古生物〟の一つだ。

学名：*Mei*
分類：恐竜類
本来の生息時代：中生代白亜紀
古生物保護条約カテゴリー「一」
名前の由来が「睡眠」ですが……1日中寝ているわけではありません。

そっとようすを見てみよう

日本の小中学校にある25メートルのプール。それとほぼ同じ広さの金網のドームがある。高さは5メートル。二重になった入り口の扉には「大きな音を立てないでね」「静かに入ってね」といった注意書きが見られる。

扉を抜けると、その先にあるのは、ちょっとした森林だ（※1）。大小の針葉樹の植栽があり、人工の小川が流れる。

その中を、幅3メートルほどの舗装路が抜ける。両脇にある柵と灌木の向こうに、ドームの主の姿がある。

メイ（※2）。

全長50センチメートルに満たない小型の恐竜だ。

ダチョウをぐっと小さくしたような姿で、20匹ほどがドームに放たれている。

ドーム内には起伏がある。ほどよく陽の当たる丘の上には、やわらかい土が敷かれ、そこでメイたちは眠ったり、巣をつくったりしている（※3）。

ドーム入場時の「大きな音を立てないでね」や「静かに入ってね」は、眠るメイを起こさないようにするため。なにしろ、メイといえば、睡眠中の姿がよく知られている。その姿を見たくてやってくる恐竜ファンも多い。

もっとも、いくらメイといえども、1日中寝ているわけではない。

じつはドームに放たれているメイの半分近くは、木々の間を走り回っている。寝ているメイに気を取られて歩いていると、灌木や柵を抜けて観覧用の通路を横ぎるメイを見逃すかもしれない。メイの方から人間を避けるため、衝突することはないが、注意が必要だ。

毎日しっかり数を確認

ドームの奥にあるのは、非公開エリアへと続く扉。この扉の先にある通路は、全部で5部屋ある隔離室につながっている。体調が優れない個体が入る部屋だ。各部屋は6畳ほど。天窓付きの完全屋内パートと、金網で囲われた屋外パートで構成されている。

健康なメイたちは、基本的に日常のすべてが展示用のドームで完結する。

飼育員は、来園者から見える位置で餌をやる。餌は、鶏肉を1日に21グラム（※4）。1日3回に分けて与える。餌やりの時刻はその日によって変わる。

この動物園のメイたちは、訓練によって、飼育員がよぶと寄ってくるようになっている。各個体には、色の異なる足環が付けられており、個体識別や繁殖行動の管理に利用されている。なにしろ数が多く、体も小さい。毎日、すべての個体が確実にいるか確認することが大切だ。

繁殖もこの空間でおこなわれている。

産卵が確認できれば、卵は回収して孵卵室へ（※5）。その際、偽卵と交換するのを忘れずに。

来園者目線、管理の動線などを邪魔しないよう、植栽の定期的な手入れも必要だ。

闇夜に飛ぶ四翼の恐竜

ミクロラプトル

古生物監修

高崎竜司

トロント大学

恐竜には、さまざまな形で翼をもつものがいる。ミクロラプトルの翼は、前肢にも後肢にもある。つまり「四翼の恐竜」だ。

そして、夜行性であることも特徴の一つ。「暗闇の飛行ショー」は、一風変わった動物ガイドとして大きな注目を集めている。

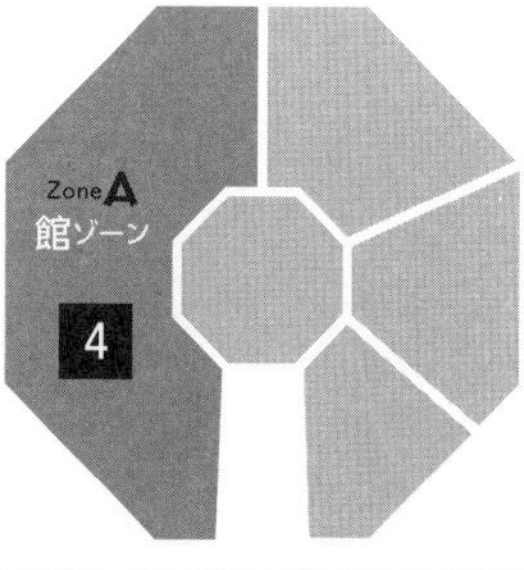

学名：*Microraptor*
分類：恐竜類
本来の生息時代：中生代白亜紀
古生物保護条約カテゴリー「一」
暗闇空間の飼育の様子を赤外線カメラで確認することができます。

スクリーンにお手を
ふれないでください。

“夜時間”は、紫外線ライトが点灯します。

モノクロ世界の〝バードショー〟

ミクロラプトル館の中は、基本的に暗闇だ（※1）。光源の時間が調整されて、昼夜逆転となっている。つまり、昼に暗く、夜に明るい。

毎日定時になると、暗い館の壁面に設置されたスクリーンに、あるシーンがリアルタイムで投影される。

赤外線カメラが捉えたそれは、暗闇の中でおこなわれる〝バードショー〟だ。

観覧用の通路に面したアクリルガラスの向こうに、飼育員が立つ。すると、飼育員が手にもった小魚に向けて、暗闇の奥から全長70センチメートルほどの恐竜が飛んでくる（※2）。

暗闇の中から突如として現れるその姿。一見すると鳥に似ているが、ちょっと変わっているのは、翼が後肢にもあるということ。それがミクロラプトルだ（※3）。

彼らが暗闇の中から出現するそのようすを堪能したければ、スクリーンに投影される赤外線カメラの映像を見ればいいだろう。より迫力のある瞬間を見たければ、暗闇の中で、アクリルガラスの向こうに立つ飼育員の指先に目をこらしていればいい。飼育員の指先にあった小魚をくわえ、ミクロラプトルは再び暗闇へと戻っていく。

展示と繁殖は別空間で

夜行性であるミクロラプトルは、昼の時間は動きがおとなしい。ともすれば、網で簡単に捕獲できる。この動物園のミクロラプトルもそうして捕獲された個体だ。

夜行性仕様となっている展示場は、窓のない12畳ほどの部屋（※4）。外の時間と逆転するように照明が調整され、〝夜時間〟の間は、紫外線ライトも点灯する。

高さが2・5メートルほどの展示場内には、天井に届きそうな擬木が複数本。それぞれの擬木の異なる場所に、複数の餌置き場が設置されている。現在、この展示場では2匹のミクロラプトルの成体が暮らす。展示場は寝室を兼ねており、足元には土が敷かれ、ヒーターなどの気温調整機器も置いてある。

展示場の裏に繁殖専用のケージが三つある。非公開のこの部屋は、広さは展示場と変わらない。ただし、昼夜逆転の仕様がない。

各ケージには、ペアとなった雌雄のミクロラプトルが入る。現在は、2部屋が使用中で、残りの1部屋は空いている。

繁殖ケージは、展示場よりも植栽が豊かだ。土が敷かれ、大小の樹木が繁っている。ケージの角に近い位置の土はとくに厚く、ここが産卵場となる。生まれた卵は、バックヤードの孵卵室へと移すことが多いが、そのままその場所で孵化させることもある。

繁殖ケージでは、日中のミクロラプトルが寝ている時間に掃除がおこなわれ、夕方になると餌の時間になる。餌は、小魚や鶏肉を中心に数十～数百グラムを与える（※5）。

成長期に自然光を浴びないと、何らかの病にかかる可能性がある。そのため、ミクロラプトルたちは成長するまでは空いている繁殖ケージで育てられ、その後、展示場へと移される。なお、繁殖で生まれた個体は、基本的にほかの動物園に移すことで近親交配を防いでいる。次世代を産むためのメスたちが数匹残り、他園からやってくるオスを待つことになる。

展示場の個体と、繁殖ケージの個体は1年をめどに交代する。これも、紫外線不足を解消するためだ。

空飛ぶ爬虫類は室内で

コエルロサウラヴス

古生物監修
林 昭次
岡山理科大学

腹の脇に収納可能な飛膜をもつ爬虫類コエルロサウラヴス。捕獲自体は難しくないけれども、飼育には専用の施設が必要だ。そのため、国際古生物保護条約に規定はなくとも、個人で飼育をすることはあまり推奨されていない。もっぱら、動物園の屋内展示でのみ見ることができる。

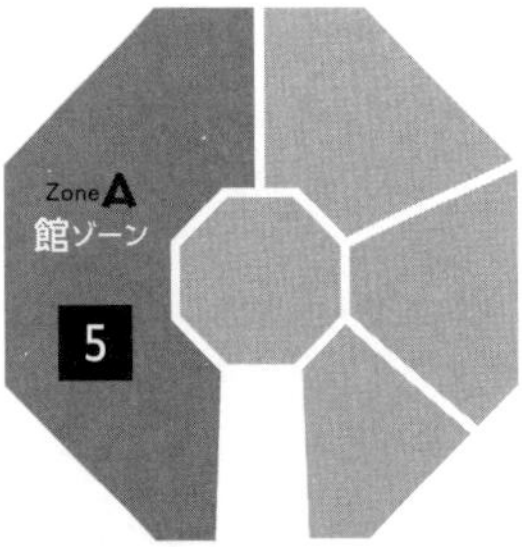

学名：*Coelurosauravus*
分類：爬虫類
本来の生息時代：古生代ペルム紀
古生物保護条約カテゴリー「ー」
滑空できる空間を用意することで、コエルロサウラヴスたちのストレス軽減につながります。

捕獲は簡単でも飼育は……

全長40センチメートルほどのトカゲのような姿をしたコエルロサウラヴス（※1）は、ヨーロッパの森林ではよく知られた爬虫類だ。腹の脇に付いた飛膜を広げて、樹木から樹木へと滑空する。

基本的に、高いところから低いところへ滑空するので、ある程度の高さまで降りてきたときに網などを用いれば、わりと簡単に捕まえることができる。捕獲したあとに、やわらかい布で胴体を四肢ごとぐるぐる巻きにしてしまえば、逃げられることもない。

さほど苦労せずに捕獲できることから、個人で飼育する人も少なくない。

しかし、コエルロサウラヴスのことを考えるのなら、やはりきちんとした施設が必要となる。国際古生物保護条約に規定はなくても、個人より動物園等での飼育が推奨されている。

室内でも飛べるように

この動物園では、かつて個人で飼育されたのちに寄贈された6匹のコエルロサウラヴスが保護・飼育されている。場所は、館ゾーンの中にある屋内施設の「コエルロサウラヴス館」だ（※2）。

館内には、高さ3メートル、広さ8畳ほどの展示室が3部屋並んでいる（※3）。それぞれの部屋には、雌雄のペアが放されている。天井にはスポットライトが二つ。一つは紫外線用だ。

部屋の床には土が敷きつめられ、小さな池が設けられている。その脇に、高さ2・5メートルほどの丸太と1・5メートルほどの丸太が立つ。

高い丸太は、頂上部に餌の皿。

低い丸太は、1メートルほどの高さに餌台がある。この餌台は鼠返しの役割も果たす。つまり、コエルロサウラヴスが低い丸太の餌台に到達するためには、高い丸太から飛ぶしかない。

餌は、コオロギを中心にシルクワームやハニーワーム、ミルワームを少量混ぜて、カルシウムも添加する（※4）。野生状態を考えれば、給餌を毎日する必要はない。しかし、この動物園では、来園者のためにランダムな時刻に少量を与えている。

基本は展示室内で完結

展示室は、そのまま寝室も繁殖場も兼ねる。飼育員は2重の扉をくぐって室内に入り、給餌をしたり、掃除をしたり、産卵の状況を確認したりする。

産卵を確認したのち、そのまま置いておいて自然孵化をさせるときもあれば、人工孵化を試みるときもある。孵化するときの温度が性別を分ける……という説があるので、その検証をおこなうことも多い。本書を執筆している現時点では、まだ〝性別を分ける温度〟の特定には至っていないそうだ。

人工孵化の場合は、バックヤードの孵卵室で。この部屋では、コエルロサウラヴスに限らず、人工孵化をさせる動物の卵を一括管理している。なお、生まれた個体の多くは、協力体制にあるほかの動物園に移され、そこで飼育されることになる。

恐竜時代の空飛ぶ哺乳類

ヴォラティコテリウム

古生物監修
木村由莉
国立科学博物館

古生物の姿は、「現生種と大きくちがう」とは限らない。よく似た姿をもつ種も少なくないのだ。そうした姿の古生物は、保護が遅れる傾向にある。

　ヴォラティコテリウムもそんな哺乳類の一つ。今、アジアを中心に保護と飼育、研究が進められている。

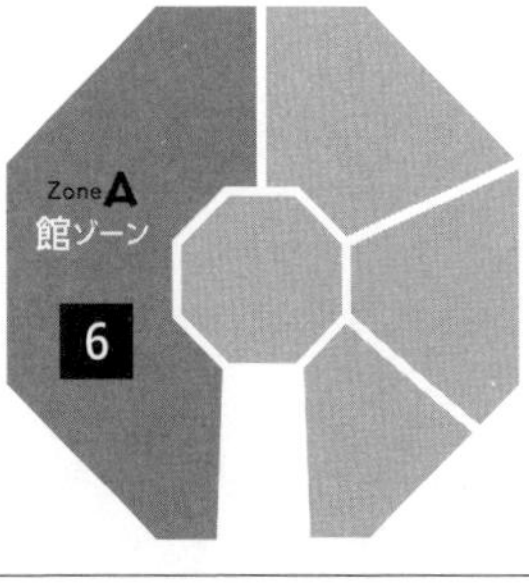

学名：*Volaticotherium*
分類：哺乳類
本来の生息時代：中生代ジュラ紀
古生物保護条約カテゴリー「一」

こう見えても、古生物です

国際自然史保護連合（IUCNH）による保護活動は、一見して「古生物」とわかる種に対して率先しておこなわれてきた。現代の〝常識〟から見て奇妙に見える動物たちが、どのように生き、いかに進化して、なぜ滅んだのか。人類の未来を予測するためにも、その研究は必須とされてきた。

一方で、現生種と似た姿をもつ古生物に対しては、大きな注意を払われなかったり、そもそも〝出現〟に気づかれなかったりしたため、研究が遅れている種も少なくない。

ヴォラティコテリウム（※1）も、そうした〝あまり注意を払われてこなかった古生物〟の一つだ。

百聞は一見にしかず。この動物園の「ヴォラティコテリウム館」を訪れれば、注意されてこなかった理由がよくわかる。

ヴォラティコテリウム館は、日本の一般的な2階建住宅と同じくらいの大きさだ。ただし、内部は2階に分かれておらず、幅3メートル、奥行き2メートルほどの展示室と、ほぼ同じ広さの非公開飼育室、バックヤード、そして、観覧通路で構成されている。

建物内は、いわゆる「夜行性仕様」となっており、基本的に暗い（※2）。赤色灯がぼんやりと照らしているだけだ。

展示室と観覧通路はアクリルガラスで隔てられている。展示室の床には土が敷かれ、高さ2・5メートルと1・5メートルの擬木が1本ずつ。その擬木には、巣箱や餌台が設置されている。

この展示室で、擬木から擬木へとまっすぐ滑空して遊んでいる（※3）動物こそ、ヴォラティコテリウムだ。

大きさは頭胴長14センチメートル。体の両脇にある皮膜を使って、空を滑るように飛ぶ。

この動物園で暮らすヴォラティコテリウムは、合計9匹。このうち、オス1匹、メス3匹の合計4匹を、展示室で見ることができる。

ヴォラティコテリウムは、モモンガやムササビとよく似た姿をしていて、生態もそっくり。そのため、中国の森林ではじめて発見されたとき、「新種の哺乳類」として報告された。

しかし、その後の研究で、ヴォラティコテリウムの化石と同じ特徴が確認されたことで、〝出現〟した「古生物」と

夜行性仕様の展示室で、ぼんやりとした赤色灯を頼りに観察することになります。

断定された（※4）。

ヴォラティコテリウムは、約1億6000万年前の中生代ジュラ紀後期に生息していた哺乳類で、どんなにモモンガやムササビと似ていても、モモンガたちと同じ齧歯類ではない。まして、フクロモモンガのような有袋類でもない。それどころか、現生の哺乳類とは祖先・子孫の関係になく、ジュラ紀に出現し、ジュラ紀に滅んだ動物だ。

なぜ、現生種とよく似た姿をしているのに、彼らは滅んでしまったのか。その謎が解ければ、未来の哺乳類の動向を予測する大きな手がかりになるかもしれない。そのため、近年では、ＩＵＣＮＨでも古生物保護条約の指定種とすべきとの声が高まっている。

なお、いち早くヴォラティコテリウムの飼育を始めたこの動物園では、個体識別と現生種との区別を兼ねて、すべての個体にマイクロチップを埋め込んでいる（※5）。

別群を別室で飼育

ヴォラティコテリウムは夜行性である。そのため、展示室は、赤色灯、蛍光灯、紫外線灯によって昼夜が逆転するようにできている。

展示室と同じ広さでほぼ同じつくりの非公開飼育室では、天井に窓が設けられ、自然光が取り入れられる仕様となっている。つまり、昼夜逆転の仕様にはなっていない。この非公開飼育室で、オス1匹とメス2匹の合計3匹が暮らしている。

展示室の群れと非公開飼育室の群れは、1年ごとに雌雄のペアを組み換える。また、バックヤードには、大きめの鳥籠が用意され、そのうちの2つでオスが単独飼育されている。こちらも定期的に両室のオスと入れ替えられており、血統の偏りが防がれている。なお、繁殖に成功した場合は、子は他園へ移動となる。

餌は、キャットフードやコオロギ、ミルワームなどがメイン。果物や野菜もバランスよく混ぜる（※6）。餌台の残量と、体調、体重の変化などをみながら、量は調整する。

PALEONTOLOGICAL ZOO
WELCOME

森林で暮らす
ネコやイヌの〝祖先〟

古生物監修
木村由莉
国立科学博物館

ミアキス

オオカミやライオン、クマなど、現代を代表する大型の肉食獣たちは、「ミアキス類」とよばれるグループから進化した動物だ。

でも、そのミアキスの飼育現場を見ると、「あれ？　こんなに小さくて可愛いの？」と驚かれるかもしれない。

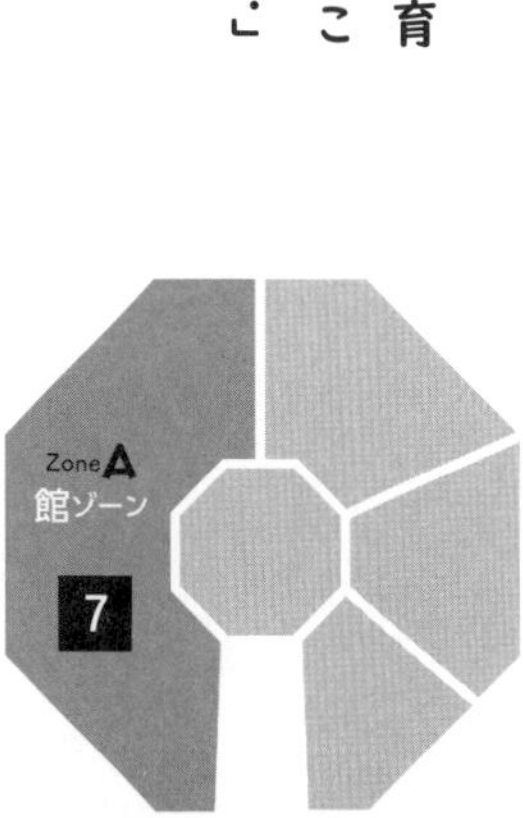

学名：*Miacis*
分類：哺乳類
本来の生息時代：新生代古第三紀
古生物保護条約カテゴリー「C」

小さな小屋の中で

ちょっとしたサイズの小屋が間隔をあけて三つ並んでいるエリアがある。風通しの良い、小高くなっている丘の上である。

小屋の大きさは2メートル四方ほどの広さで、高さは3メートル。天井の半分は格子、半分は屋根になっている。小屋の壁の3面は格子で、1面にはアクリルガラスがある。格子壁に2重扉があり、飼育員の出入りができる仕様となっている。

小屋の中をのぞいてみると、土が敷かれ、擬木が数本設置されている。擬木と擬木の間にはロープが張られていたり、小さなハンモックが吊るされていたり、まるでアスレチックだ。そこかしこに、餌台があることも見てとれる。

何かいるの？

そう思って小屋の中を探してみると、擬木から擬木へ器用に渡り歩く、頭胴長20センチメートルほどの動物が1匹。ミアキスだ（※1）。

イタチのような姿をしているけれども、イタチではない。ただし、イタチの〝原始的な仲間〟ではある。

ミアキスは、最初期の「食肉類」。イタチだけではなく、クマやライオン、ネコ、イヌ、オオカミ、アシカ、アザラシ、セイウチなどのすべての食肉類につながる〝原始的な肉食哺乳類のグループ〟に属している（※2）。

食肉類は、哺乳類の繁栄史のなかでも比較的初期に登場し、さまざまな環境に適応して多様化を遂げることに成功した。そして、種によっては地域の生態系の頂点に君臨している。その原点ともいえるミアキスに、食肉類繁栄のヒントがあるかもしれない。そう考えた研究者が少なからずいたようで、国際自然史保護連合（ＩＵＣＮＨ）は、ミアキスを国際古生物保護条約で「教育的価値・研究的価値が高く、教育機関・研究機関における積極的な飼育と保全研究が求められる」の「カテゴリーＣ」に分類し、ミアキスやその近縁種が〝出現〟する加盟国に保護を求めている。

もっとも、ミアキスは比較的飼育しやすいため、ペットとしても流通している。カテゴリーＣの特例条項で、飼育下の繁殖で生まれた個体であれば、各国政府の許可のもとに個人飼育も認められている。あなたの近所にも、ミアキスを飼育している家があるかもしれない。

最古級の食肉類。あなたの家でともに暮らすイヌやネコも、祖先はミアキスのような姿をしていたのかもしれません。

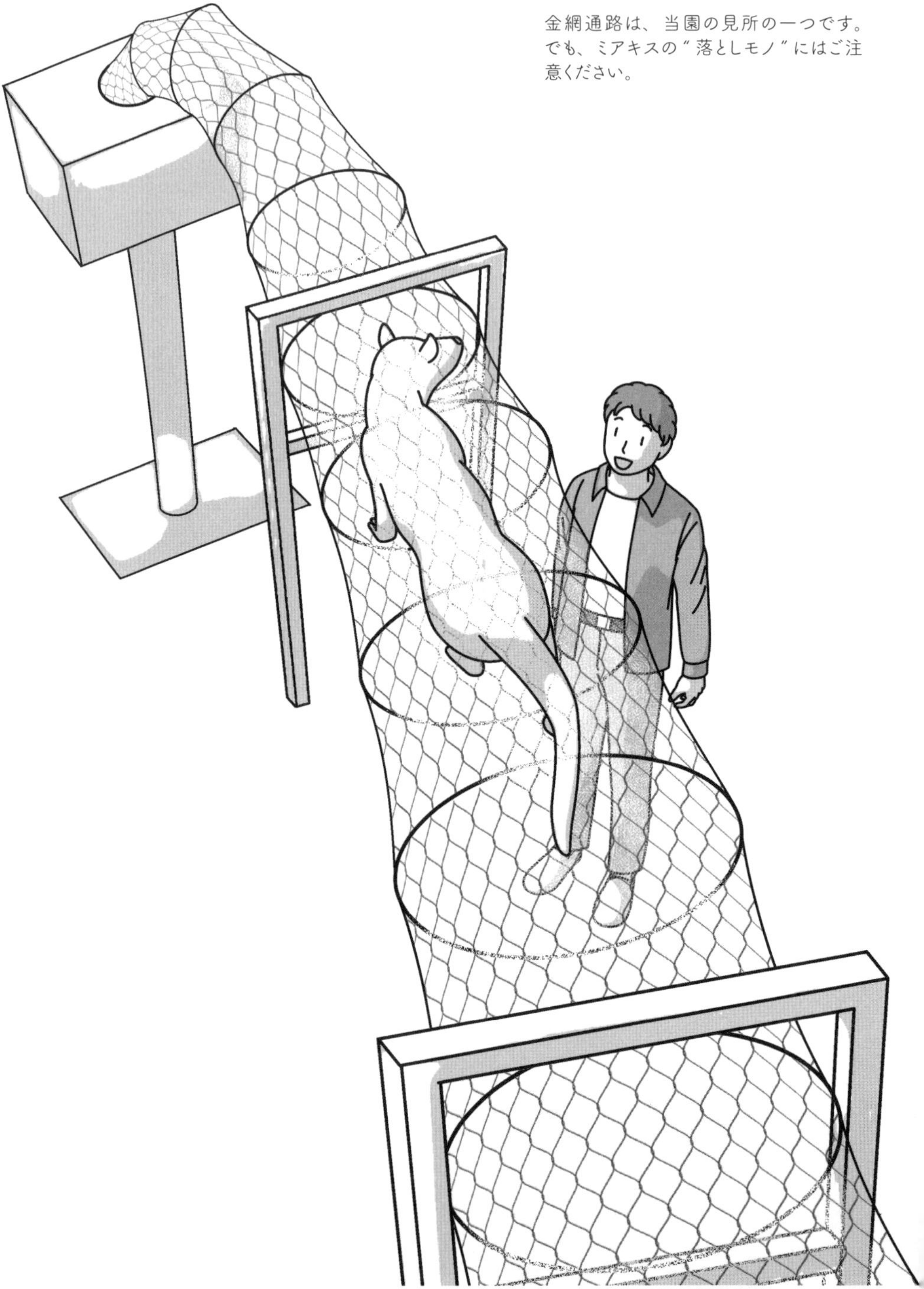

金網通路は、当園の見所の一つです。でも、ミアキスの“落としモノ”にはご注意ください。

金網通路でつなぐ

この動物園のミアキス展示の面白いところは、チューブ状の金網通路にある。

小屋と小屋、各小屋とその南側にある非公開施設は、それぞれ2メートル強ほどの高さにあるチューブ状の金網通路でつながっている。それぞれの通路の入り口には、遠隔操作できる小さな扉がある。この扉を開くことで、ミアキスたちは3つの小屋を行き来することができる。

また、アクリルガラスを抜けて観覧場所の上空を通り、数メートル先の柱の上につながる金網通路もある。毎日、飼育員がこの柱の上に金網でできた箱を持ってきて金網通路とつなげる。箱の中には餌が入っており、金網通路の入り口にある扉を開けると、小屋からミアキスが餌をめがけてやってくる。来園者は、自分の頭上を歩くミアキスを見ることができるわけだ。園内でも人気の〝ショー〟の一つである。なお、日によって餌を与える時刻は異なるため、確実に見たい場合は事前にWEBサイトで「本日のお食事タイム」を確認するとよい。

非公開施設にのびる金網通路の先には、寝室が用意されている。一つの小屋に対して、一つの寝室。つまり、1匹に対して1部屋が用意されている。

寝室は、外の小屋よりひと回り小さいくらいの広さがある。各部屋は、行き来のできる2段構造になっており、下段には木製の巣箱が置かれている。この巣箱は、メスにとっては産箱ともなる。

寝室も格子の壁で覆われており、扉の付いた金網通路でたがいにつながっている。天井には窓があり、自然光を取り入れることもできる。

すべてのミアキスは、肩甲骨の間にマイクロチップが埋め込まれており、日々の健康管理をする際の個体識別に役立てられている。

基本的に、朝になると小屋に出し、夜には寝室へと戻す。金網通路の扉を開ける前に餌を移動先に置くことで、みずから移動をするようにトレーニングする。

餌は、キャットフードとフェレットフードを混ぜたもので、体重の変化をみながら量を調整。トレーニングや健康診断のときなどは、馬肉やマウス、コオロギやミルワーム、ハニーワームなどをおやつとして与える。掃除は、ミアキスがいない時間帯を利用しておこなう。

ブーメラン頭の両生類

ディプロカウルス

古生物監修
松本涼子
神奈川県立
生命の星地球博物館

ブーメランのような形の頭部を特徴とする両生類、ディプロカウルス。
四肢はあれども、かなり短い。
暮らしの主体は、水の中だ。
その飼育は意外と簡単かもしれない。

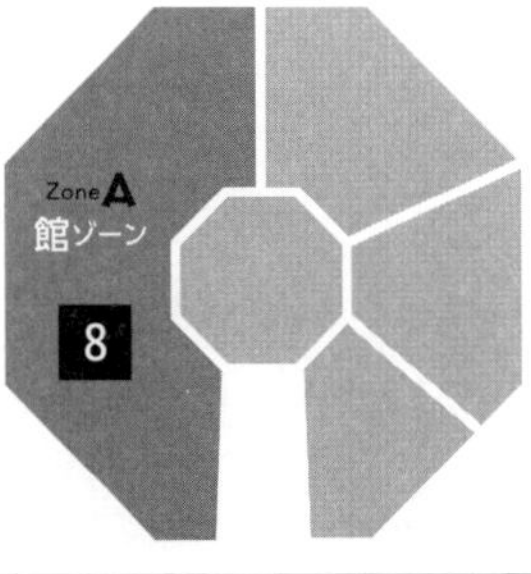

学名：*Diplocaulus*
分類：両生類（空椎類）
本来の生息時代：古生代石炭紀・ペルム紀
古生物保護条約カテゴリー「C」

四つの〝単独水槽〟を準備

ディプロカウルス館は、その名の通り、ディプロカウルス（※1）を飼育している施設だ。

館に入ると観覧用の通路があり、その左右に幅3メートル、奥行き2メートル、水深50センチメートルの水槽が並んでいる。水槽の数は、左に二つ、右に二つ。合計四つである。

それぞれの水槽の奥には擬岩でできた陸地を、水槽の底には沈木を用意。沈木の奥に身をひそめれば、ディプロカウルスは来園者の視線から逃れることもできる。〝恥ずかしがり屋〟でも大丈夫なつくりだ。

この動物園では、それぞれの水槽で、成体のディプロカウルスを1匹ずつ飼育している。合計でオス2匹とメス2匹だ。基本的にはおとなしく、この館に入ると時間がゆっくり流れているように感じるかもしれない。

成長にともなって、ブーメランに

ディプロカウルスは、全長1メートルほどにまで成長する両生類だ（※2）。成体は、まるでブーメランのように幅があり厚みのない三角形の頭部をもつ（※3）。

この頭部の形状は、成長にともなって〝仕上がった〟もの（※4）。幼いうちは、この頭部は真上から見るとおにぎりのような形だった。

胴体は、幅がある一方で厚みがなく、四肢は短い。そして、長い尾をもっていた。

四肢はあれども、ディプロカウルスは基本的に水棲だ（※5）。自然界では、湖沼や渓流に生息し、成長するほど流れのある場所を好むようになる傾向がある（※6）。

一方、肉食動物にとっては、幼体も成体もいい獲物だ。〝出現地〟付近では、ディプロカウルスを狙ってディメトロドン（110ページ）が出没することも知られている（※7）。ディメトロドンと鉢合わせしたら、人の方が危ない。いかにディプロカウルスの捕獲が簡単とはいっても、安易に〝出現地〟に近づく人はほとんどいない。

この動物園にいる4匹のディプロカウルスは、幼体のころにやってきた。バックヤードで育てられたのち、亜成体の段階から展示水槽に出している。

繁殖用の接続水槽を用意

ディプロカウルス館の4個の水槽は、館の中央の床にある

スロープの下は、繁殖用の水槽となっています。足音を立てないように、そっと歩きながら観察してみてください（この水槽にいないことも多いです）。

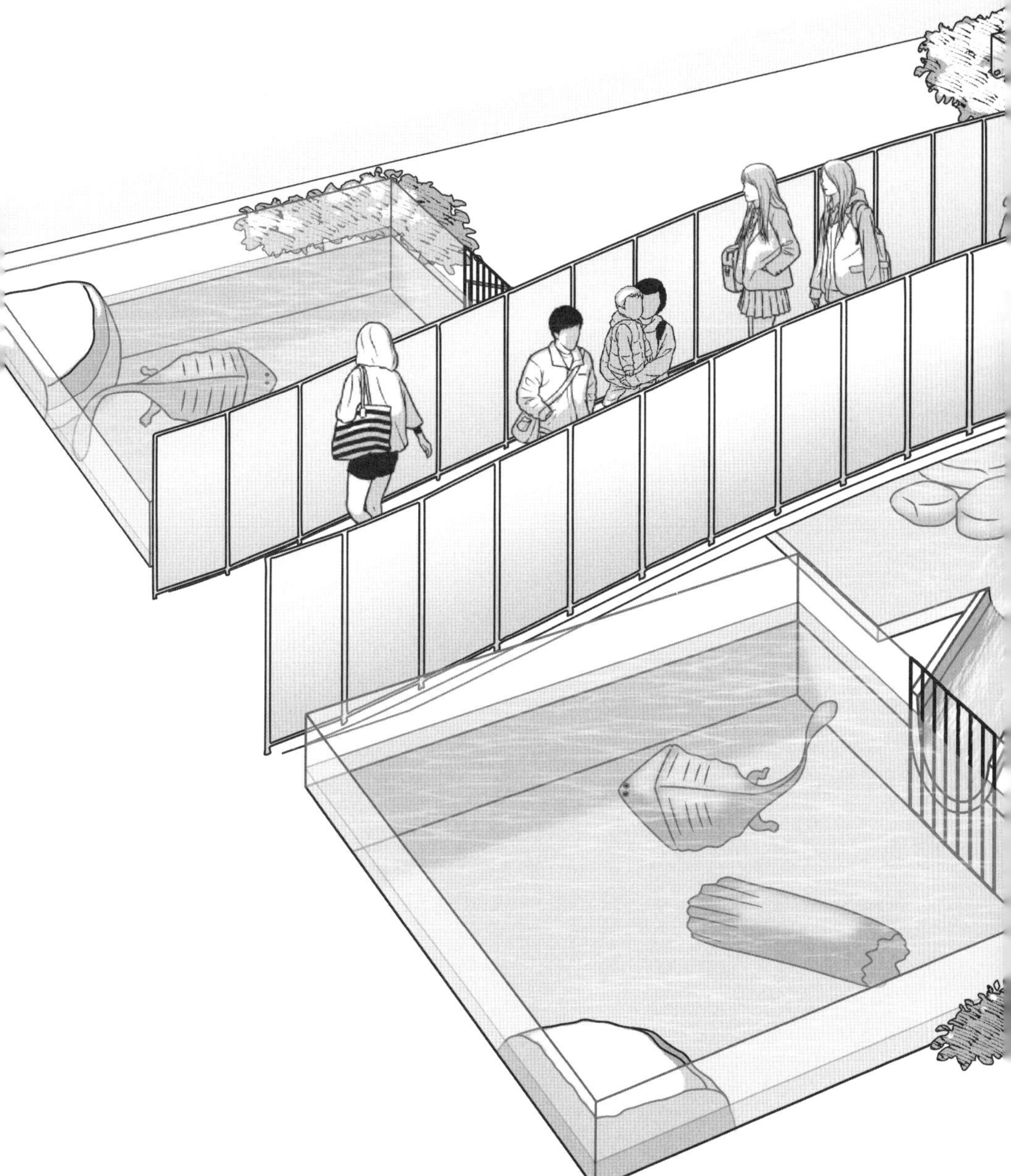

繁殖用水槽と水路でつながっている。

繁殖用水槽の広さは、3メートル四方といったところ。その水槽の上をスロープで観覧通路が横切る。

繁殖用水槽へつながる水路は、普段は鉄柵のゲートで区切られている。繁殖期のタイミングはまだ謎に包まれているため、季節などを参考にして、このゲートを開けてオスとメスの交流を促す。

繁殖水槽は、実験的な要素も強い。湧水の装置、身を隠すことができる擬岩、沈木、小石などが用意され、さまざまな状況がつくりやすくなっている。

なお、繁殖水槽の底には濾過機へとつながる排水溝もある。水はここを通って循環し、きれいになったものが、展示水槽の〝上流〟へと向かう。

バックヤードには、療養用の隔離水槽が二つ。幼体を育てるための水槽が一つ。

隔離水槽は、2メートル四方で水深30センチメートルほど。幼体用はその半分の大きさだ。

どちらの水槽も基本的にはシンプルなつくりで、濾過循環で水質を維持。身を隠すためのパイプなどが設置されている。

隔離水槽の一つは、水温管理が厳密にできるような仕様。こちらは照明も調整可能だ。

ディプロカウルスはあまり活発に動かない（※8）ので、世話は比較的簡単だ。

成体の餌は、週に1回。小さめのコイを。たまに、イワナ、ヤマメ、ザリガニなども。幼体には、カワエビを。成長に合わせて、金魚やドジョウなども与えるようになる。ナマズフードを与えることも。季節による変化もあるので、量は体調と体重をみながら調整していく。

日々の掃除は、目立つ汚れを取る程度。ただし、1週間に1度は、展示水槽のアクリルガラスを掃除。半年に1度は、水を抜いて掃除をおこなう。落水している間の個体は、隔離水槽か繁殖水槽に退避させる。

無事に繁殖となれば、国際的に情報を共有することになっている。

国際古生物保護条約における、ディプロカウルスの位置づけは「カテゴリーC」だ。「教育的価値・研究的価値が高く、教育機関・研究機関における積極的な飼育と保全研究が求められる」とされる。

幼体、亜成体、成体の姿の化石が発見されており、生

アクリルガラスは、1週間に1度きれいに拭いています。

きている個体との比較ができる。しかも、生きている個体の飼育に危険がほとんどない。国際自然史保護連合（ＩＵＣＮＨ）は、将来的には、学校などの教育機関でもディプロカウルスを飼育し、理科教育のほかに、自然や生態系などの大切さを学ぶ教材としての役割を担うことを期待している。

古生物監修
松本涼子
神奈川県立
生命の星地球博物館

展示空間に小川を
スクレロセファルス

長い尾をもつスクレロセファルス。捕獲も飼育もそれほど大変ではないが、噛まれないようにする注意は必要だ。

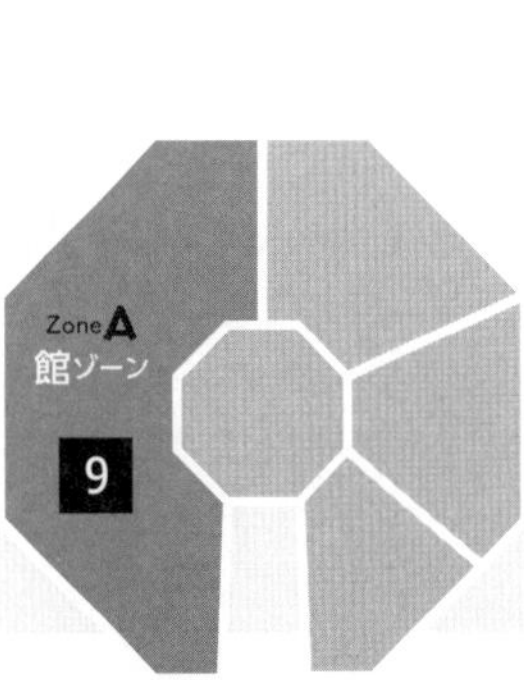

学名：*Sclerocephalus*
分類：両生類（分椎類）
本来の生息時代：
　古生代石炭紀・ペルム紀
古生物保護条約カテゴリー「―」
半陸半水の展示スペースにいるこの動物は、幼いうちから当園で飼育してきた“古株”です。

プールの中に複数の産卵場所を準備

スクレロセファルス（※1）は、二等辺三角形に近い頭部と長い尾、短い四肢を特徴とする両生類（※2）。発達した尾をもち、四肢は小さくて短い。大きなもので、全長は1・5メートル。

野生のスクレロセファルスは、〝出現地〟の湖沼や小川にいるところを、網ですくいとって捕獲している。幼体、亜成体の場合はさほど大きな網を必要としないし、成体でも少し丈夫な網を準備すれば十分だ。

もっとも、簡単に捕獲できたとしても、成長すれば1・5メートルの大きさになる。一般家庭で飼育するには難しく、もっぱら動物園や水族館で保護されることが多い。

屋外にある展示場の半分は陸域で、半分は最大2メートルの深さがあるプール。植栽と移動可能な人工岩が用意されている。プールは濾過循環式で、透明度が確保されてい

バックヤードでは幼体を育てています。スクレロセファルスは、成長の記録が多いため、飼育難度はじつはさほど高くありません。

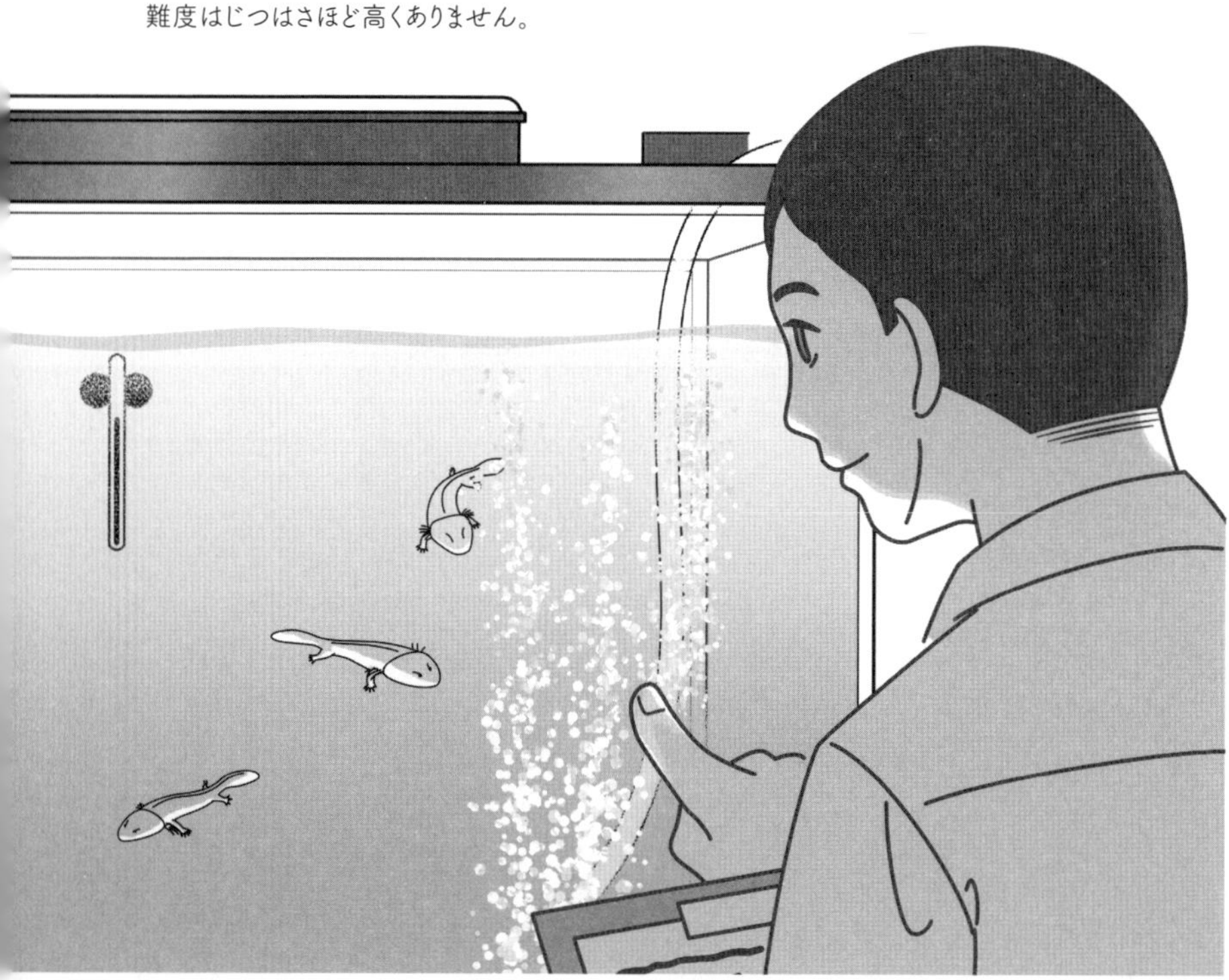

る。外周は柵と植栽で、プール正面にアクリルガラスが設置されている。スクレロセファルスの生活の主体は水中にあるからだ（※3）。

展示場を横切るように、人工の小川が流れている。水深は浅く、水底には砂利が敷かれ、水の流れはゆるやかなものとなっている。小川の随所には、大小の岩や、枝木が沈められている。こうした場所のどこかが、スクレロセファルスの産卵場所になると想定しているが、人工繁殖の成功例はまだない（※4）。

幼体と成体で餌を変える

非公開エリアには、療養をおもな目的とした隔離室が3部屋。2部屋は屋外に、1部屋は屋内に。屋内隔離室と屋外隔離室は、遠隔操作のできる扉でつながっており、それぞれの部屋にプールと陸域が用意されている。小川のかわりとなる水路があるという点も、スクレロセファルスの隔離室の特徴といえる。

この動物園では展示場で、オス1頭、メス2頭の成体を飼育し、バックヤードの水槽では、最近届けられた幼体たちの飼育を進めている（※5）。

餌は、体長数センチメートルの段階では赤虫とナマズ用のフードを軸に、ある程度成長したらドジョウや金魚などを生き餌として（※6）。成長したらコイを1週間に1～2尾与える。

成体は、基本的には展示場で通年飼育される。成体の歯は、それなりに大きくて鋭いため、噛まれないように注意が必要。

掃除は、1週間に1度。

体重測定は3カ月に1度程度。

大きなケンカをしているように見えなくても、いつの間にか、3頭の中で優劣の差が発生しているかもしれない。その場合、食事の量に偏りがでている可能性があるので、体重の減少に注意する。

もし大きな体重差が生じているようならば、展示場を分割するか、あるいは、隔離室を利用する必要がある。

どっしり
貫禄のある両生類

エリオプス

古生物監修
松本涼子
神奈川県立
生命の星地球博物館

エリオプスは、どっしりとした姿が印象的な両生類だ。

2メートルをこえるその巨体はなかなか見ごたえがある。

……とはいっても、さして危険視はされていない。

捕獲と飼育もさほど難しいわけではなく、多くの動物園で姿を見ることができる。

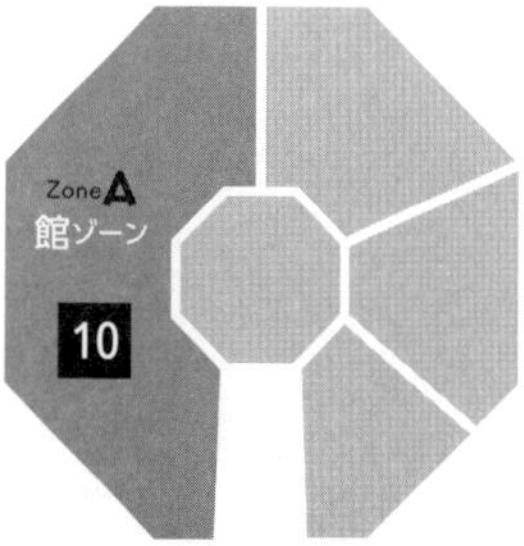

学名：*Eryops*
分類：両生類（分椎類）
本来の生息時代：古生代石炭紀・ペルム紀
古生物保護条約カテゴリー「ー」

どっしり型の大型両生類

アメリカやドイツの郊外を流れる河岸に、頑丈なカゴ状の罠が沈められていることがある。その罠は、岩や倒木の下流側で、上に樹木の枝がかかっている場所などに設置されている。

罠の中には、大きな魚肉ソーセージが数本。

川魚もやってくるが、罠の目的はそんな〝小物〟じゃない。大きな頭部、がっしりとした胴体、太い四肢をもつ両生類、エリオプス（※1）を狙って設置されたものだ。

エリオプスは、大きなものでは、全長2・5メートルに達する。そのため、国際自然史保護連合（ＩＵＣＮＨ）では、国際古生物保護条約で「カテゴリーＢ（人間に危害を及ぼす可能性があるため、出現を確認後、早急なる捕獲が必要）」に指定する動きがあった。

しかし、ある程度の数が〝出現〟するようになると、陸域でさほど素早く動けないこと、両生類（※2）としては大型ではあるものの、恐竜類などと比べると小型であること、生息域が水辺に限定されること、現生の両生類ほど環境変化に弱くないことから、ＩＵＣＮＨによる指定は見送られた。

しかし、〝出現〟地域では、エリオプスが川魚を食べ尽くしてしまう事例が発生。そのため、おもに環境保護団体などによって捕獲が進められるようになった。捕獲された個体は乾燥に注意を払われながら、各国の動物園に輸出され、飼育されている。

世話は意外と簡単？

屋外にあるエリオプスの展示場は、バドミントンコート1・5面分の広さ（※3）。その3分の1は、最大水深2メートルほどのプールで、3分の2は砂の敷かれた陸域だ。プールは、陸域に近くなるにつれて、徐々に浅くなる。水は、濾過循環式が採用され、一定以上の水温にならないように注意しながら、透明度も確保されている。

陸域には、日陰をつくることができる程度の植栽と移動可能な人工岩が用意されている（※4）。

この岩は、床面に隠されたレールを使って移動させることで、陸域を二つに分けることができる仕様となっている。プールも遠隔操作で二つに分割可能。これは、飼育しているエリオプスの間に争いが生じた場合に展示場を分けるた

ぱっと見て見つからないときは、水の中や地上の日陰にいることもあるので、探してみてください。

めのつくりだ。

展示場の外周は、高さ2メートルほどの柵で囲われている。柵の上部には返しがある。柵のまわりは密集した植栽で、観覧場所以外から展示を見ることはできない（※5）。

プールと陸域の境界域に用意された観覧場所には、柵ではなくアクリルガラスが設置されている。観覧場所はやや低く、展示場の陸域はやや高くつくられているため、来園者は少し見上げる形か、もしくは水中にいるエリオプスを観察することになる。

展示場の角には、6畳ほどの隔離スペースがある。ここは、飼育員が掃除の際に一時的にエリオプスを追い込む場所だ。掃除は週に1度。プールの水も抜いて、アクリルガラスもきれいに拭く。

この動物園では、オス1頭、メス2頭、合計3頭のエリオプスの成体が飼育されている。基本的には、1年を通してこの展示場で飼育される。夏場に気温が高くなりすぎたときは、展示場の一部に日除けとして薄い布がかけられる（※6）。

餌は週に1度。大きめのコイや、内臓を抜いたニワトリなど（※7）。食欲に応じて、量を調整する。

念のための隔離室

展示場の奥にある扉の先には、隔離室へと続く通路がある。こちらはすべて非公開だ。

隔離室の数は3部屋。3部屋のうちの2部屋は屋外に、1部屋は屋内にある。屋内は、温度管理と光量管理ができる仕様だ。そして、屋内隔離室と屋外隔離室は行き来が可能なように扉でつながっている。なお、この扉は、遠隔操作で開閉可能だ。

各隔離室は、それぞれ14畳ほどのプールと、16畳ほどの陸域でつくられている。陸域の床はコンクリート。掃除がしやすい。プールの水深は1・5メートルほどだ。基本的には体調を崩した個体や、ケガをした個体などの療養に使われる。

産卵は展示場でおこなわれることを想定している。ただし、まだこの動物園では成功例がない。もし繁殖に成功して卵が確認されたら、両生類用の水槽で管理することになっている。

幼体は一定のサイズになるまでは非公開の水槽で育て（※8）、そののち、隔離室のプールを経て、展示場へと移される予定だ。

恐竜時代の水棲哺乳類

カストロカウダ

古生物監修
木村由莉
国立科学博物館

「あれ？　なんで、ここにビーバーがいるの？」

そう思った人も少なくないだろう。

なにしろ、ここは「古生物の動物園」だ。

でも、じつはこの動物はビーバーではない。

よく見ると、そのちがいが見えてくるだろう。

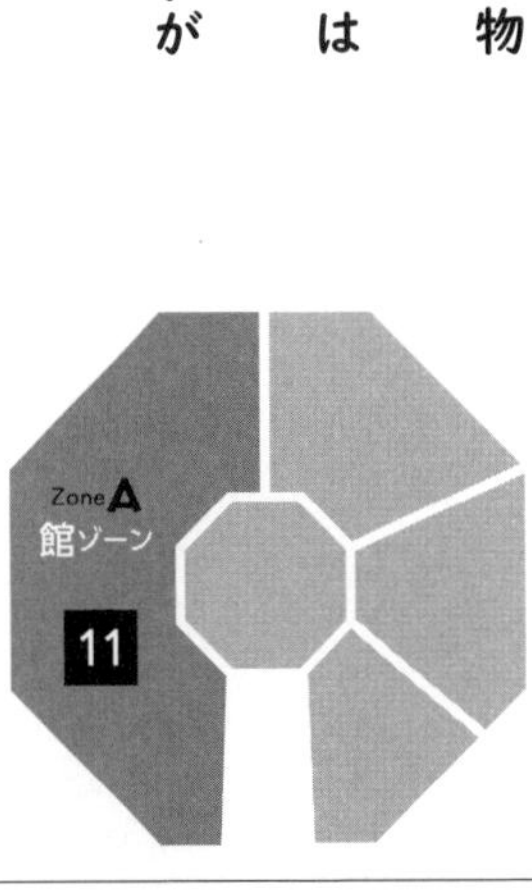

学名：*Castorocauda*
分類：哺乳類
本来の生息時代：中生代白亜紀
古生物保護条約カテゴリー「一」

じっくりとちがいを観察してみる

「ビーバーではありません」

入り口にそんな看板が掲げられているここは、「カストロカウダ館」だ。

入館すると、アクリルガラスの向こうに奥行き10メートル、幅6メートルの展示場が広がっている（※1）。天井は吹き抜けの構造で、自然光が注ぐ。

展示場は、人の舌のような形をした陸地と、その縁辺部に設置されたプールで構成されている。陸地には砂が敷かれ、擬岩と植栽が配置されている。プール内にも擬岩があり、自然の小川が再現されている。プールの最大水深は1メートルほど。両端がスロープになっていて、ゆるやかに陸地とつながる。

陸地には、複数の人工的に造られた巣穴が用意されている。その巣穴の一部は、観覧場所沿いにのびている。来園者は、アクリルガラス越しに巣穴をのぞき込むことができる仕様になっている。

この展示で飼育されているのは、哺乳類のカストロカウダだ（※2）。全長は45センチメートルほど。ビーバーと似たような「尾」のもち主である。将来に渡っては不明だが、今のところ国際古生物保護条約の対象外とされている。

ただし、よく似ているのは尾だけだ。たとえば、顔つきは少し異なる。ビーバーと比べると、カストロカウダの吻部はすらりと細いのだ。そして、実際にカストロカウダとビーバーは、祖先と子孫の関係にはない。同じ「哺乳類」ではあるものの、カストロカウダは〝絶滅したグループ〟に属している。ビーバーの属する齧歯類どころか、その上位分類群である有胎盤類（真獣類）にさえ、カストロカウダは属していない。

この動物園では、オス1匹、メス2匹の成獣のカストロカウダが飼育されている。

卵に注意

カストロカウダの飼育は、基本的に展示場内で完結している。

展示場では、来園者から死角となる位置に複数の通風口を備え、その開閉で風通しを調整。プールの水も濾過循環式で透明度が維持され、さらに、水温も一定に保たれている。

ビーバーとはちがって、ダムをつくる
ような習性は確認されていません。

人工巣穴の上部は開閉可能で、閉館時間を利用して飼育員が内部をチェックする。

注意すべきは、卵だ。

カストロカウダは哺乳類としては珍しい卵生で（※3）、これも、胎生であるビーバーとの大きなちがいである。産卵を確認したら飼育員が取り上げて、バックヤードにつくられた専用の孵卵装置へと移すことになっている。カストロカウダは希少種だけに、生まれた子を欲しがる飼育施設は多い（※4）。もっとも、ほかの飼育施設に譲られる前に、まずは母による子育てがおこなわれることになっている（※5）。

バックヤードには、非公開の隔離室が6部屋用意されている。その半分は温度管理をしやすい屋内施設だ。そして、残りの半分は展示場と同じ半屋内となっている。各部屋は1・5メートル四方の陸地と、同じサイズのプールで構成され、プールの水深は50センチメートルほど。陸地の大部分はコンクリートの床で、その上にワラが散らされている。隣接する隔離室とは遠隔操作のできる扉でつながっており、必要に応じて部屋の広さを変えたり、隔離している個体の交流を促すことができる。

餌は干し草や青草をメインとし、根菜や草食獣用のペレットも混ぜる。量は、1匹に対して1日1kgを目安に、朝と昼と夕方に給餌する。給餌の時刻は動物園のWebサイトで公開されているので、見たい場合はあらかじめチェックしておくと良いだろう。ちなみに、干し草だけは、屋根のついた餌場において、絶えることがないようにする。なお、餌やりの時間を利用して、健康診断や体重計への誘導などのトレーニングもおこなう。

陸地の掃除は毎日おこない、アクリルガラスは1週間に1度程度の割合でおこなわれている。

ときには、かじるための丸太などを展示場に入れて、ストレス解消を狙う（※6）。今のところ、この「かじるための丸太」は必須というわけではなく、展示場に入れたから必ず反応するというわけではない。観覧時に「丸太をかじるカストロカウダ」を見ることができたら〝ラッキー〟だ、というぐらいで訪れた方が良いだろう。

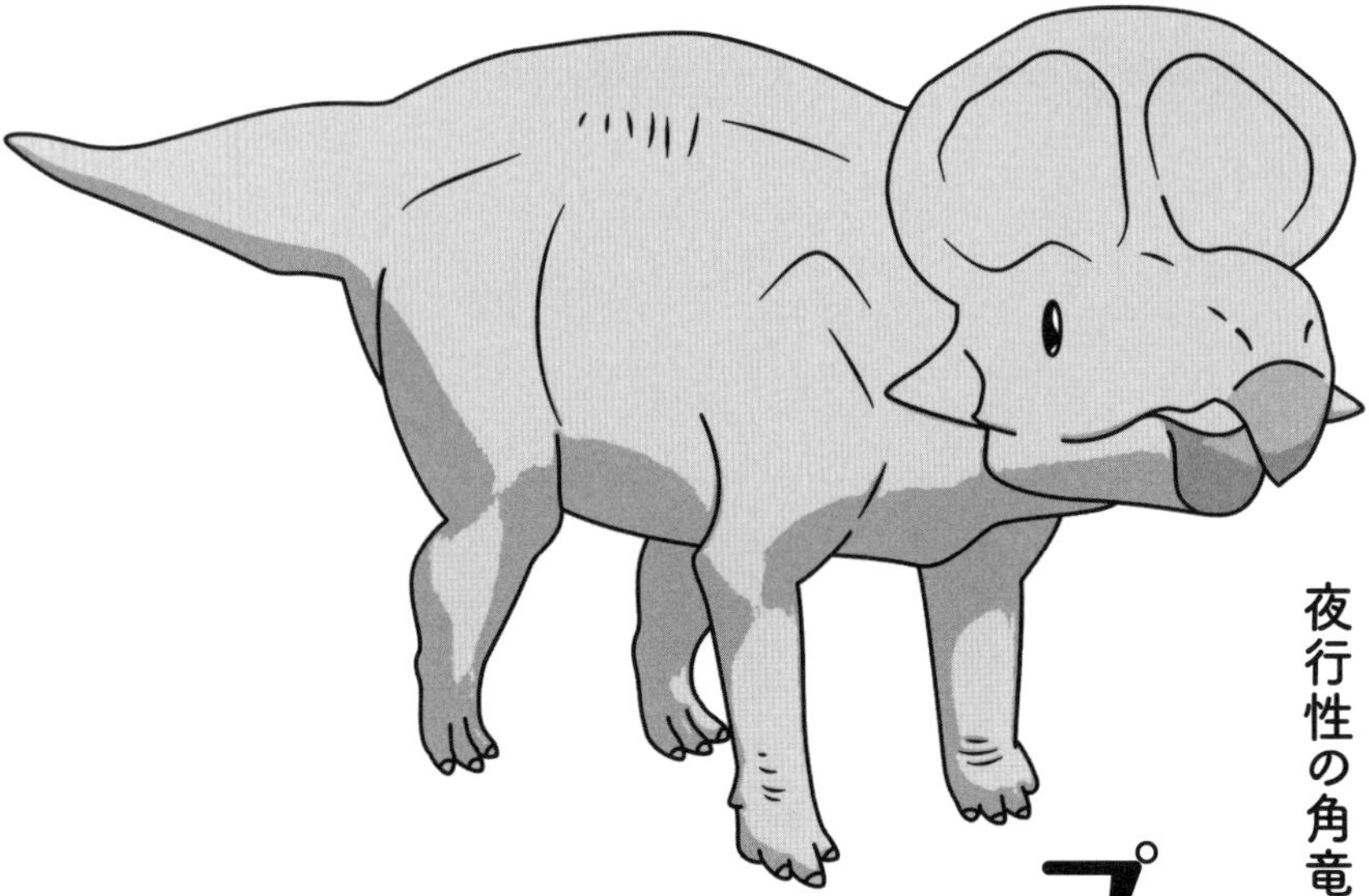

夜行性の角竜類

古生物監修
千葉謙太郎
岡山理科大学

プロトケラトプス

角竜類のなかでは、原始的で知られるプロトケラトプス。さほど大型ではなく、大きなツノをもたない。

その点では飼育しやすそうな角竜類ではあるけれども、夜行性のため、特別な配慮が必要だ。

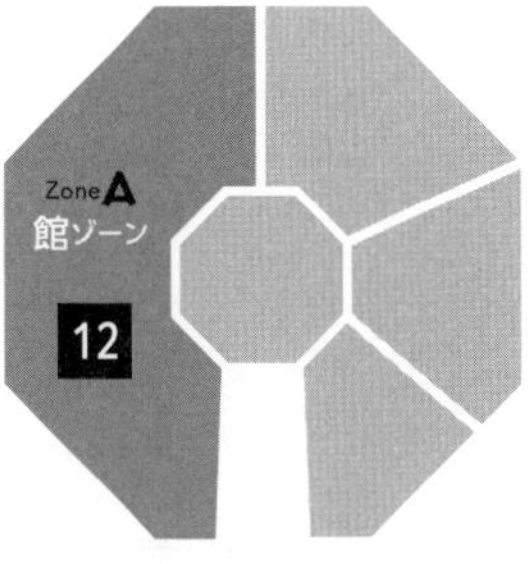

学名：*Protoceratops*
分類：恐竜類
本来の生息時代：中生代白亜紀
古生物保護条約カテゴリー「ー」

暗闇の中の角竜類

館ゾーンで飼育されている動物たちのなかで、「幼体がかわいい」と評判になっている恐竜が、「プロトケラトプス」だ（※1）。

プロトケラトプスは、角竜類の1種。ただし、トリケラトプス（128ページ）のような進化的な種類と比べると、成体でも全長は2・5メートルほどと〝小型〟で、頭部に大きなツノはなく、フリルもさほど大きくない。

けっしておとなしい動物とはいえないけれども、危険性はさして高くない。とくに体の小さな幼体は、捕獲も簡単だ。

モンゴルに生息している野生のプロトケラトプスは、地面に巣穴を掘って暮らしている（※2）。その巣穴の入り口で静かに待っていれば、巣穴から出た直後の幼体を捕まえることができる。

この動物園のプロトケラトプスも、そうして捕獲された幼体が諸般の事情で保護されたことから始まった。その後、同じ事情でプロトケラトプスを飼育している近隣動物園との交流によって繁殖が進められ、現在では成体から幼体まで、合計20頭の飼育がおこなわれている。

捕獲は簡単でも、飼育は簡単じゃない。

理由は二つ。第一に彼らは夜行性で（※3）、第二に彼らは、少なくとも幼いうちは集団を好む（※4）からだ。

展示エリアは1年ごとに交代

館ゾーンに用意されたバスケットボールコートほどの〝窓のない部屋〟（※5）。この部屋の明かりは人工の照明と紫外線灯で、屋外とは完全に昼夜が逆転している。

つまり、屋外がしだいに明るくなる朝方にこの部屋の照明は暗くなり、屋外がしだいに暗くなる夕方にこの部屋は明るくなる。昼は夜で、夜は昼というわけだ。

照明が暗い、とはいっても、真っ暗にすると来園者も見ることはできないし、飼育にも差し障りが出る。そこで、〝夜の時間〟は、赤色灯がやさしく点灯する（※6）。

観覧通路は、〝窓のない部屋〟の北側を東西にのびる。幅は5メートルほど。その通路に面した一角に広さ2畳ほどの小さな個室が6部屋用意されている。温度も湿度も管理されたこの個室は、プロトケラトプスにとっての〝仮想巣穴〟となる。

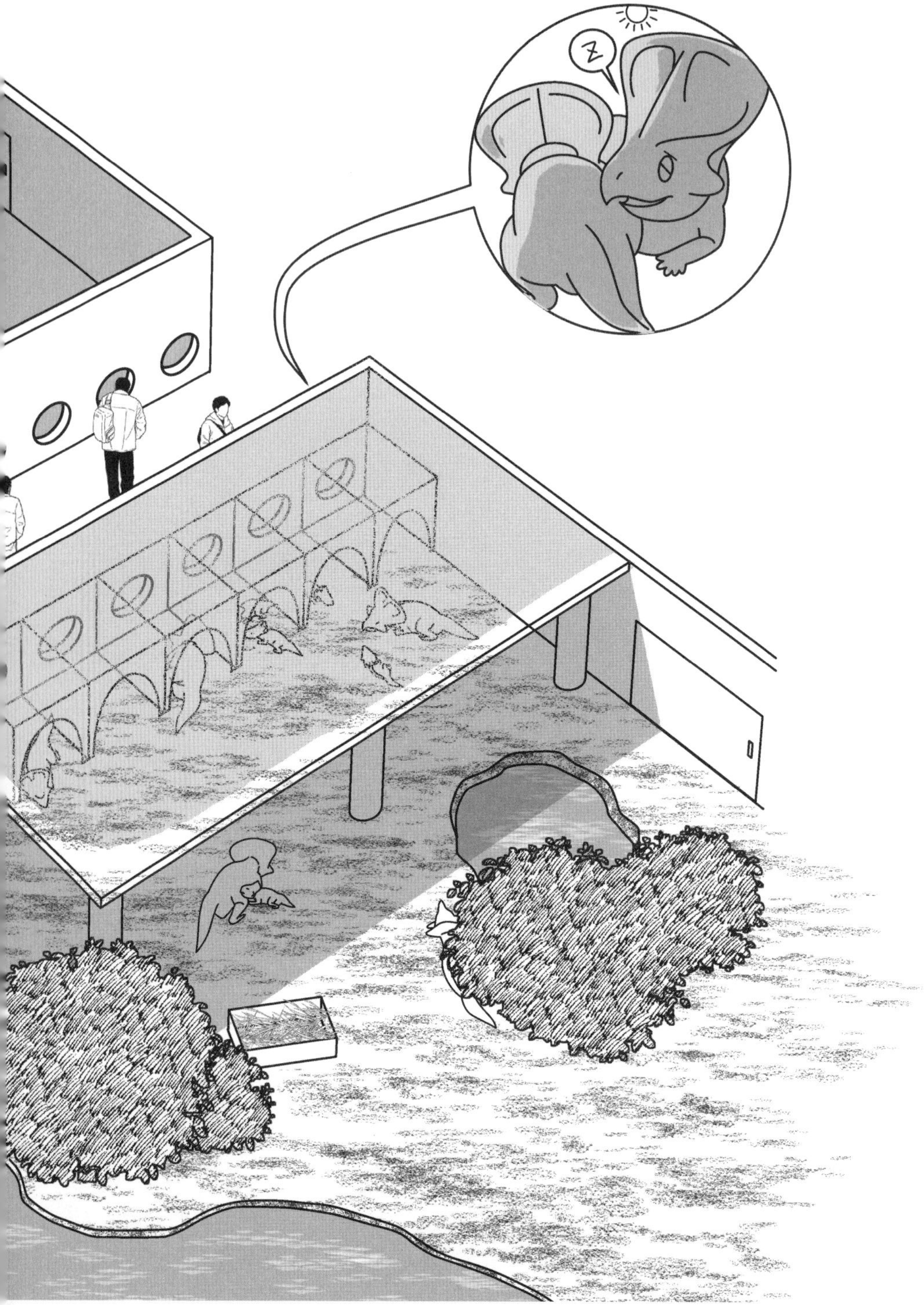
Z

プロトケラトプス施設の全景。昼のエリアと
夜のエリアがあります。

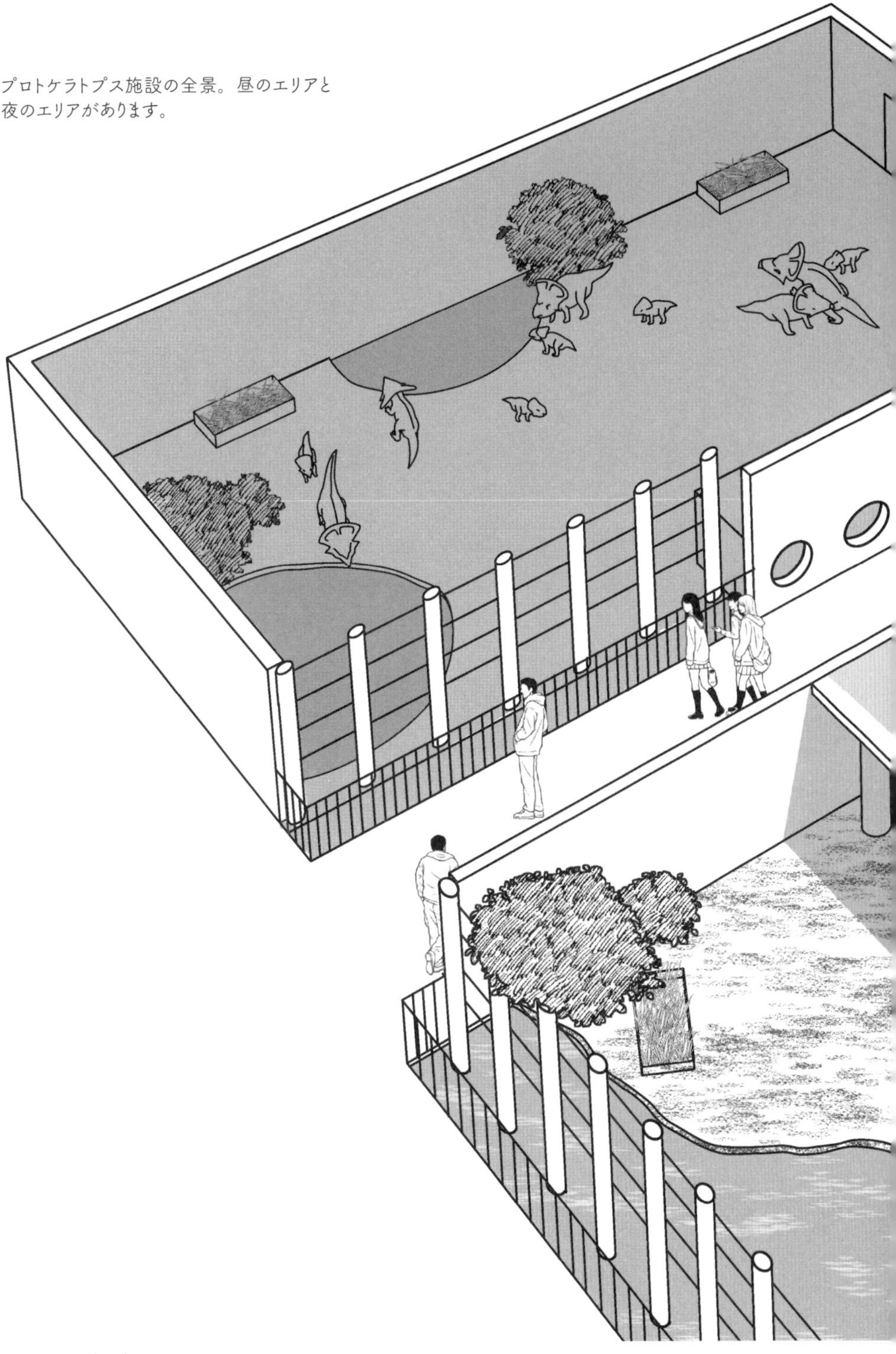

観覧通路で巣穴に面した場所の床は、ほかの場所よりも少し低くつくられている。そして、巣穴と通路の境には、透明アクリル板でできた小さな窓を用意。この窓越しに、来園者は巣穴をのぞきこむことができるという趣向だ。

もっとも、来園者がいる昼間は、この部屋のプロトケラトプスにとっては〝夜〟。夜行性の彼らは、巣穴にいないことが多い。

巣穴以外の観覧通路に面した場所には、幅30センチメートルほどの鉄柱が並び、その鉄柱を支柱として細かくワイヤーが張られ、格子状になっている（※7）。観覧通路と格子の間には、幅1メートル、深さ1メートルほどの堀がある。来園者は、その堀越しにプロトケラトプスを観察するのだ。

観覧通路を挟んだ北側にも、同じような広さで、同じようなつくりの部屋がある。

ただしこちらは、〝窓のない部屋〟じゃない。仮想巣穴とその周辺にこそ屋根はあるものの、その先は屋外スペースだ。

プロトケラトプスは夜行性だけれども、日光の当たらない条件下で飼育し続けると健康によくないという指摘がある（※8）。そのため、この動物園では10頭ずつ〝窓のない部屋〟と〝半分屋外の部屋〟に分けて飼育されている。そして、1年ごとに部屋を交代する。

どちらの部屋でも、フラッシュをたかなければ撮影することも許可されている。かわいらしいプロトケラトプスの幼体の写真を撮ろうと、連日、多くの人がカメラやスマートフォンをかまえている。

両方の展示エリアの西側に、テニスコートほどの広さの非公開エリアが用意されている。このエリアのつくりは、基本的に展示用の部屋と同じ。その一角に、14畳ほどの部屋が用意されている。ケガを負った個体の治療や、生まれたばかりの幼体などの世話をするための部屋だ。

掘られた穴は、埋め戻す

すべてのプロトケラトプスには、頬の先の角質部分にタグがつけられている。このタグは個体識別用で、血統的に近い個体のオスとメスが同じ場所にいないようにコントロールされている。近隣の動物園とも、積極的に個体の交換がおこなわれている。

餌は数カ所に分けて配置されている。メインの餌は、〝夕方〟にあたる時間帯に干し草を1カ所に積んでおく。

プロトケラトプスが掘った穴は、発見次第、スタッフが埋めています。

メインの餌場の近くには、体重計が設置されている。飼育員が名前をよぶと、よばれた個体がこの体重計にのる。このとき、ごほうびにイモのスティックやリンゴを与える。幼いうちからの訓練の賜物だ。そして、体重を測り終えた個体から、餌場に行くようになっている。

ときには、自分で土を掘って巣穴をつくろうとする個体もいる。そうした穴は、発見次第、埋め戻すことが大切だ。そうすることで、人工巣穴の利用を促すのである。

飛べないフクロウ

オルニメガロニクス

古生物監修

田中公教

兵庫県立大学

館ゾーンには、ちょっと変わったフクロウが飼育されている。上半身は、フクロウ。しかし、下半身は……脚が妙に長い。飛ぶことはせず、洞窟を模した展示室を走り回っている。

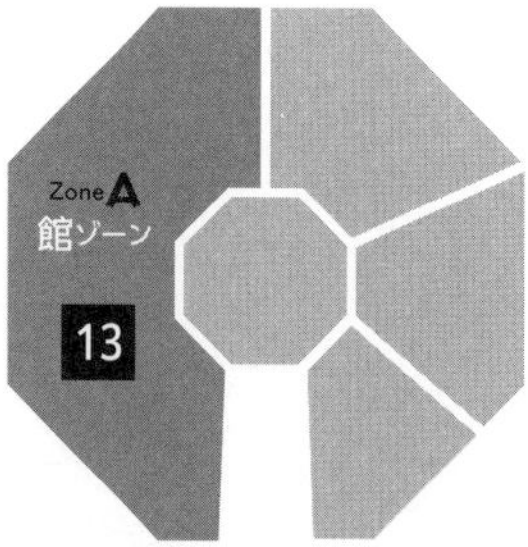

学名：*Ornimegalonyx*
分類：鳥類
本来の生息時代：新生代第四紀
古生物保護条約カテゴリー「—」

人懐こい脚長フクロウ

オルニメガロニクス（※1）は、フクロウの仲間だ。見た目もフクロウに近い。

ただし、「上半身は」という条件がつく。

下半身はフクロウとは、あまり似ていない。脚が妙に長いのだ。しかも、この脚はそれなりにがっしりしている。そして、翼はあるけれども、飛翔はできない。

〝走って暮らすフクロウ〟なのだ。

おまけに、フクロウと比べるとやたらと大きい。その身長は、1・1メートルに達する。日本の幼稚園児と同じくらいの高さがある。

キューバでは、野生のオルニメガロニクスが小動物を狩り、食している光景を見ることがあるという（※2）。このように書くと獰猛な動物のように感じるかもしれないが、じつは意外と人懐こいことでも知られている。姿の珍しさもあって、キューバではなかば観光資源化しており、観光客が野生のオルニメガロニクスに餌を与えることも多い。

しかし、オルニメガロニクスの中には、人間を自分の交尾相手にまちがえる個体もいて、ときに擦り寄ってきたり、ときに襲いかかってきたりすることもある（※3）。とくに足には鋭い爪が付いているので、注意が必要だ。

キューバ政府は、オルニメガロニクスの保護作戦を不定期に展開し、捕獲した個体を各地の動物園に〝輸出〟している。

夜行性であるオルニメガロニクスは（※4）、日中は郊外の洞窟で休んでいることが多い（※5）。睡眠中にその洞窟を訪れれば、簡単に捕獲できる。キューバ政府の保護部隊は、そうした洞窟をすでにいくつも見つけているとされる。

なお、キューバ政府は、国際自然史保護連合（IUCNH）にオルニメガロニクスの捕獲や保護についての申請をしていない。IUCNHに認定され、国際古生物保護条約の対象古生物となると、捕獲の都度、IUCNHの許可が必要となるからだ。キューバ政府による捕獲作戦は、キューバ政府の判断でおこなわれている。

暗闇を走り回る

この動物園にいるオルニメガロニクスも、そうした事情でキューバからやってきた個体だ。雌雄2ペアが飼育されており、そのうちの1ペアが展示されている（※6）。

洞窟をイメージした暗い空間で
飼育しています。

展示場の高さは、2・5メートル。広さは、14畳といったところ（※7）。一部は洞窟を模してつくられており、奥には扉、手前にはアクリルガラスが設置されている。床には土が敷かれ、水場があり、丸太と岩も配置してある。

人工照明によって昼夜逆転で管理されているが、昼と夜の時間はさほど変わらない。もともとオルニメガロニクスがいたキューバでは、日本ほど季節による昼夜の時間の差がないのだ。展示場の昼夜管理もそれにならっている。

紫外線不足を補うための紫外線ライトと、温かい場所を好むのでスポットヒーターも複数用意されている。

そんな空間を、2羽のオルニメガロニクスが走り回る。この飛べないフクロウは、走ることが好きなのだ。

野生であろうと、飼育下であろうと、人懐こさは相変わらず。1日に1度ある〝お食事タイム〟では、アクリルガラスのそばで、飼育員が餌を与える。餌は、冷凍ラットを解凍したものがメイン。たまに馬肉も与える。

なお、担当飼育員は、オルニメガロニクスに〝ほれられていない〟ことが条件。ほれられると襲いかかられるので、担当変えとなる（※8）。なお、必ず3人以上で展示場に入り、餌を与えていない飼育員は、思わぬ襲撃に備える。

オルニメガロニクスは〝ほれっぽい〟習性があります。お世話は、ほれられていないスタッフがおこないます。

展示ペアはローテーションで

展示場の奥にある扉は、非公開の繁殖用ケージと隔離ケージ、個別ケージにつながっている。現在、1ペアが繁殖用ケージで飼育中だ。

繁殖用ケージは、展示場よりもやや広い屋外にあり、まわりを金網に囲まれている。土が敷かれ、灌木があり、水飲み場がある。

繁殖用ケージの半分ほどには、洞窟を模した構造物がある。冬季の気温低下が著しい日は、繁殖用ケージをまるごとビニールハウスのシートで覆う。これによって、オルニメガロニクスの快適さが維持されるようになっている。産卵の際の巣材となるように、ワラの設置も忘れない。

繁殖用ケージの隣には、個別ケージが用意されている。これは、新たな個体がやってきたときのための準備だ。

展示場と繁殖用ケージのペアは一年ごとに交代する。繁殖に成功した場合は、卵は孵卵室に移動して、そこで孵し、非公開の部屋で一定の大きさまで育てたのちに、近郊の動物園に譲渡される。

展示場のライトの消灯は、開園1時間後にセットされている。つまり、開園後の1時間は、オルニメガロニクスにとっては、まだ“昼”で、眠っている時間だ。この隙に、飼育員は掃除をする。

開園から1時間が経過して、展示場のライトが少しずつ暗くなると“夕方”になり、お食事タイムとなる。オルニメガロニクスの餌やりシーンを見たければ、この時間を狙っていくといい。

暗闇にひそむ狩人

古生物監修
久保田克博
兵庫県立
人と自然の博物館

ディノニクス

20世紀から21世紀にかけて公開された恐竜映画で、やたらと賢く、集団戦を展開するとされた小型恐竜のモデル。

ただし、実際には集団戦はおこなわず、おもに夜の狩人として活動する。

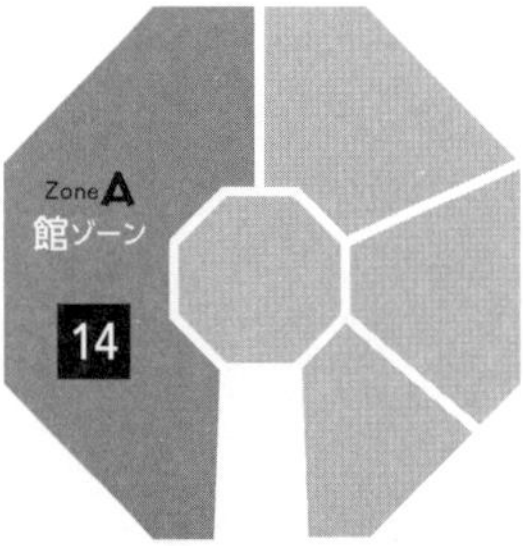

学名：*Deinonychus*
分類：恐竜類
本来の生息時代：中生代白亜紀
古生物保護条約カテゴリー「B」

後ろ足の対策を

入り口で、暗視ゴーグルを借りて入る館がある。

館の中は、テニスコート1面分ほどの広さの部屋が三つ（※1）。中にいるのは、最も大きな個体で全長3メートルほどの小型肉食恐竜、デイノニクスだ（※2）。

3メートルというと、大きいように思えるかもしれない。しかしこれは、口先から尾の先までの長さだ。腰の高さでいえば1メートルに満たない。

体は、細くてスマート。口には鋭い歯が並ぶ。トレードマークは、後ろ足の人差し指だ。大きなかぎ爪がある。

暖房のきいた暗い室内を歩き回るデイノニクス。もちろん、彼らにはアクリルガラス越しの来園者の姿も見えている。アクリルガラスは、デイノニクスがいかなる攻撃をしても壊されるほどやわではない。

ただし、かぎ爪によって傷をつけられてしまうことがある。アクリルガラスは高価だし、交換には手間もかかるので、手前2メートルの位置に電気柵が用意されている。

3つの部屋の仕切りは特別製。遠隔操作で透明と不透明を調整できる。通常は不透明だが、オスとメスのお見合いのときには透明にする。ただ透明にするだけでは、デイノニクスが誤って衝突する可能性があるため、仕切りの数カ所にあらかじめ黒いテープを貼り付けておく。さらに、仕切りの手前にも電気柵を設ける。

この屋内展示場は、照明によって明るさがコントロールされている。外の時間とは逆転するようになっており、外が朝を迎える時間に少しずつ暗くなり、外が夕方になると少しずつ明るくなる。つまり、来園者は日中に訪れても活動的な〝夜間のデイノニクス〟を見ることができるわけだ。

そんな屋内展示場では、現在2頭のオスが暮らす。

高い知能をもつ

デイノニクスは、日本も調印している国際古生物保護条約で「カテゴリーB」、つまり、「人間に危害を及ぼす可能性があるため、出現を確認後、早急なる捕獲が必要。ただし、狩りに際しては国際自然史保護連合の許可が必要」と定められる危険な古生物だ。かの帝王、ティラノサウルス（234ページ）と同じ扱いである。

デイノニクスの大きさは、体重比でティラノサウルスの約100分の1、あごの破壊力もはるかに劣る。

ナイトスコープを受付で貸し出しています（無料）。
ぜひ、ご利用ください。

しかし、知能が高い（※3）。

ゆえに、カテゴリーBなのだ。

森林地帯を走り回る小型恐竜を追うことは、ドローンを使っても難しい。また、知能が高いため、箱罠をはじめとする罠も通用しにくい。結局は、〝出現地〟とみられる地域を電気柵で三重に囲い、軍が常時巡回にあたることで、人間の活動エリアへの侵入を阻むことぐらいしかできないのが現実だ。カテゴリーBが指定するような即時捕獲が必ずしも実行されているとはいいがたい。

各国の動物園で飼育されているのは、調査隊が採集した卵を孵化させた個体と、その子孫たちだ。この動物園にいるデイノニクスは、飼育下では3世代目にあたる。

共食い対策を

屋内展示場の奥、遠隔操作のできる二重の油圧扉の向こうには、屋外展示場と、非公開のサブパドック、非公開の寝室、非公開のトレーニングケージにつながる通路がある。

屋外展示場には、屋内展示場と同等の広さがあり、遠隔制御できる油圧式の鉄板で中央部を区切ることができるようになっている。一角に幅5メートル、深さ2メートルの池があり、その向こうに観覧場所がある。数カ所に裸子植物の植栽と水飲み場が用意されている。もっとも、デイノニクスは夜行性なので、来園者が見る姿はもっぱら休息中の姿だ。現在は1頭のメスが放たれている。

非公開のサブパドックは、屋外展示場に隠れるように設置されている。幼体や療養中の個体が過ごす場所だ。

寝室も非公開。デイノニクスは共食いをすることがあるため（※4）、基本的には寝室も1頭1部屋だ。

トレーニングのための専用ケージも1部屋用意されている。格子が1面に用意されたその部屋は、寝室よりもやや狭い。ここでは、デイノニクスが尾を格子に寄せることで、尾から健康チェックのための採血ができるようにトレーニングがおこなわれている。

この動物園では実施されていないが、某国ではその知能の高さが買われて、デイノニクスの軍事転用を目指すトレーニングがなされているとか……いないとか（※5）。国際古生物保護条約は、すべての古生物の軍事利用を禁じているので、これはあくまでも「うわさ」である。

デイノニクスの基本的な日常は、朝になると1頭ずつ寝室から展示場へと送られる。1頭ずつ、遠隔操作で開く油圧扉で制御する。

デイノニクスたちの行動を促すように、まだ油圧扉が閉まっているうちに展示場に内臓を抜いたニワトリが用意されている。その肉と、各部屋に用意されたスピーカーから出す音で、各個体を誘導するしかけだ。

メインの食事は夕方に、寝室でシカやウマ、ニワトリの肉を1キログラム与えている（※6）。これが習慣となり、彼らは自ら寝室へと帰ってくる。

古生物監修

木村由莉

国立科学博物館

悪魔のコルク栓抜き

パレオカスター

　ちょっと変わった展示を見たければ、半屋内施設の「パレオカスター館」に行くといいだろう。世にも珍しい巣の展示を見ることができるはずだ。

　もっとも、この展示を維持するためには、飼育員の不屈の努力が必要となる。

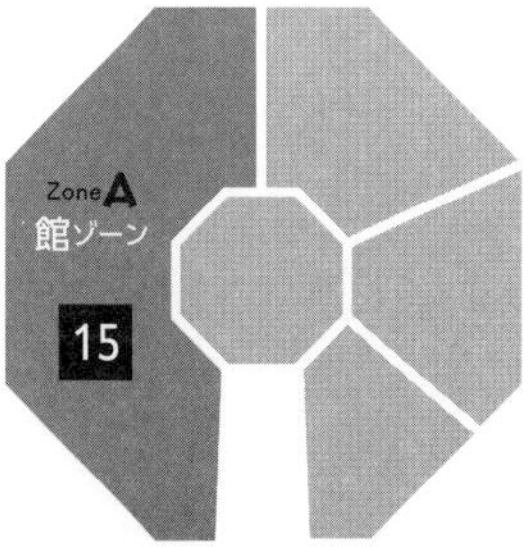

学名：*Palaeocastor*

分類：哺乳類

本来の生息時代：新生代新第三紀

古生物保護条約カテゴリー「一」

天井からぶら下がる〝栓抜き〟

半分屋内の「パレオカスター館」を楽しむなら、夕方がおすすめだ。入り口からスロープになっており、地下へゆっくりと下っていく。その先の薄暗い空間にあるのは、高さ2・5メートルの大きなアクリルガラスだ。

アクリルガラスの向こうには、天井から管状の構造がぐるぐると螺旋を描きながらぶら下がっている。その数、7本。最末端は床とほぼ並行にのびている。

7本のうち、最も手前にある2本が見学用だ。管状構造は全体的に不透明だけれども、末端付近だけその上部と側面が透明になっている。

「静かにのぞいてみよう」

そんな張り紙を確認しながら、1本をのぞき込む。夕方であれば、そこには、頭胴長25センチメートルほどの齧歯類が、ワラの上でうとうとしていることが多い。

どことなくビーバーを彷彿とさせる顔だ。しかし、ビーバーとは異なり、尾は平たくない。

この齧歯類の名前を「パレオカスター」という（※1）。

埋め戻しの毎日

螺旋の管は、パレオカスターの巣だ（※2）。その形から「悪魔のコルク栓抜き」とよばれ、野外ではおもに北アメリカ大陸の荒野の地面につくられている。彼らの捕獲は比較的簡単で、あらかじめ巣穴の場所を特定し、夜明け前に巣穴の入り口で待ち伏せる。そうすれば、朝になって顔を出したところを簡単に捕まえることができる。

どことなく愛らしさのあるパレオカスターだけれども、巣穴を掘るという習性のため、一般家庭で飼育することには向いていない。1匹が1つの巣穴を掘るので、複数匹を飼育しようものなら、庭が大変なことになってしまう。

この動物園の〝天井からぶら下がる巣穴〟は、繊維強化プラスチック（ＦＲＰ）製だ（※3）。来園者がアクリルガラス越しにのぞき込んだ部屋は、パレオカスターの「巣穴部屋」。係員はパレオカスターがいない時を見はからい、巣穴の末端部分を外して掃除する。もちろん、掃除中にパレオカスターが巣穴の外に出てきてしまった場合に備え、「巣穴部屋」の扉は二重になっている。万が一のときでも、パレオカスターが逃げることはない。なお、この部屋は温度と

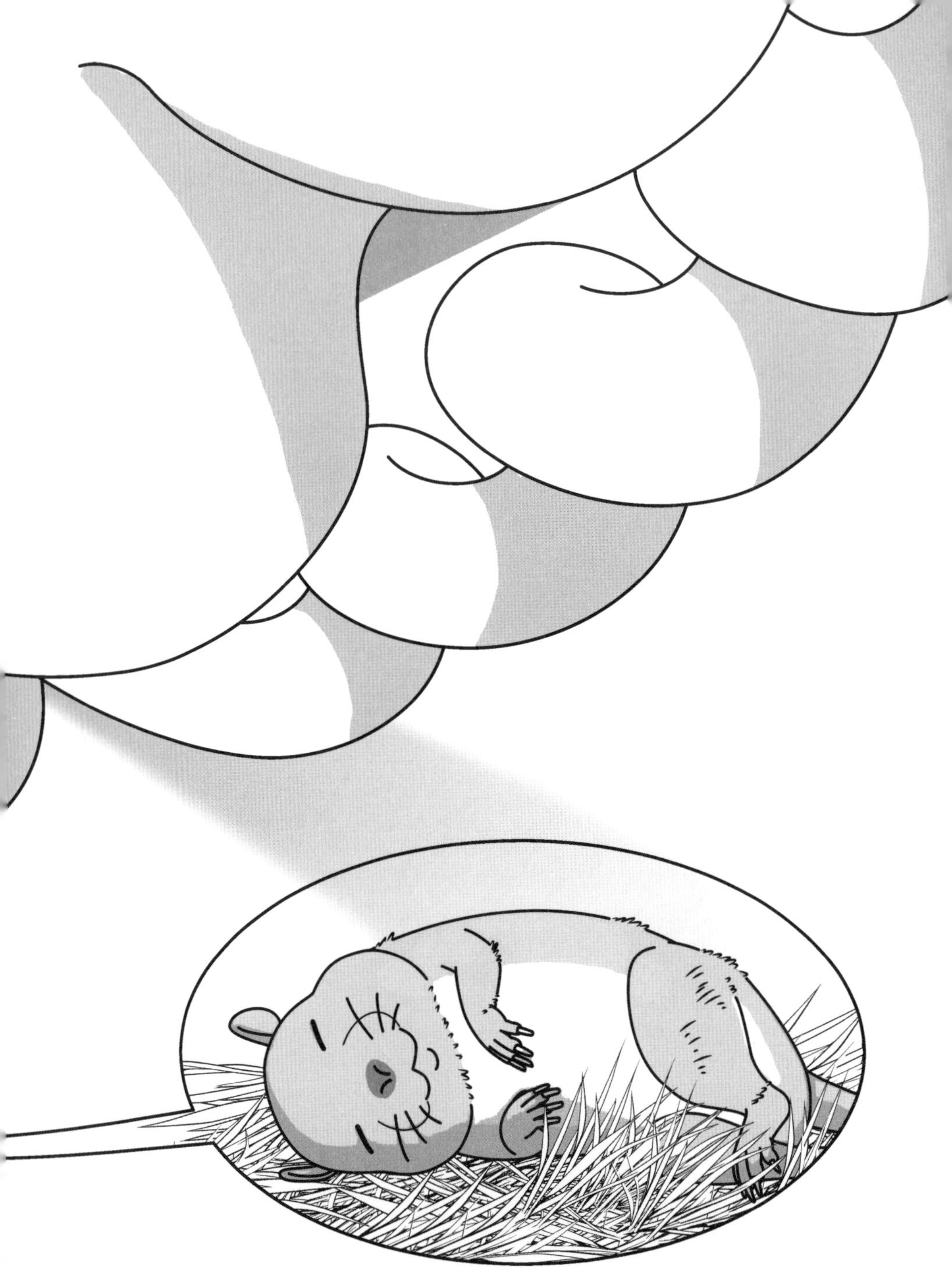

巣穴の中でゆっくりと休むパレオカスターをご覧ください。静かに！　起こしちゃダメです。

湿度の管理を徹底し、パレオカスターたちに、実際に地面の中にいる感覚を疑似的に提供している。

巣穴部屋の天井は、屋根のついた〝地面〟となっている。その地面は屋根のない屋外展示場へと続く。来園者は、今度はスロープを上がって、地表面に近い高さから地面を歩き回るパレオカスターを見ることができる。

屋外展示場の広さは、バドミントンのコートをやや狭くしたくらい（※4）。数カ所に擬岩や擬木が配置されている。観覧通路との間には、上端に返しのついた高さ120センチメートルほどの格子のフェンスがある。

屋外展示場は、コンクリートの上に盛られた高さ1メートルほどの土の上にある。

日中、暇をもてあましたパレオカスターは、この土を掘ることが多い（※5）。展示場内に本物の植栽がないのは、彼らの〝掘削〟によって、根をいためてしまうからだ。

飼育員は、展示場内に設置された複数の台の上に餌と水を補充する。餌の内訳は干し草、青草、根菜類、葉物野菜、草食獣用のペレットなど。オス1匹、メス4匹の合計5匹を飼育している現在では、1日に合計2・5キログラムほどを数回に分けて与えている。

飼育員は忙しい。餌をやる時間になると、穴掘りをしていた個体や、巣穴でうたた寝をしていた個体もやってくる。名前を確認して、全個体が〝地上〟にいることを確認したら、屋外展示場に掘られた穴をこまめに埋め戻していく。

もちろん、土の下にはコンクリートの床があるし、そのまわりにも格子付きのフェンスが埋め込まれている。仮に穴を掘られたとしても逃げられる心配はない。……ないのだが、穴だらけの環境では管理もしづらいし、崩落の危険もゼロではない。深く掘られる前に、こまめに埋め戻すことが大切なのだ。

パレオカスターたちも、自分たちが掘った穴に固執することはないらしい。日が暮れて夕食を食べたのちは、ＦＲＰ製の〝自分の巣穴〟に戻る。

巣穴のフタを上手に使う

パレオカスターに何らかの異常が確認されたら、療養するために非公開の隔離室へ入れる。パレオカスターは自分の巣穴以外には入らないので（※6）、巣穴の出口に板などを置いて塞ぎ、地表をウロウロしているところを、数人がかりで追い込んで網で捕獲。体重測定と健康診断を実施する。問題なければ、展示場へと返す。なお、隔離室の床はコンクリート。巣穴の代わりに、くねくねと水平方向にうねる巣箱が用意されている。

パレオカスター館には、他にも非公開のサブグランドが用意されている。このサブグランドは、基本的には展示場と同じつくりだけれども、広さは7分の1ほど。ＦＲＰ製の巣穴は1本だけ。ここでは、オスが1匹で暮らしている。数年ごとに展示場で暮らすオスと入れ替えられ、血統の偏りを防ぐ。

夜になり、すべての個体がそれぞれの巣穴に戻ったら、展示場の巣穴にフタをする。夜に目が覚めた個体が屋外展示場に出て、土を掘り返すのを防ぐためだ。

気温管理に注意

ケナガマンモス

古生物監修
北川博道
日本長鼻類化石研究所

マムーサス・プリミゲニウスは、「ケナガマンモス」あるいは「ケマンモス」ともよばれる。おそらく日本においては、こうした和名の方が有名だろう。動物園でも高い人気を誇るこの古生物の飼育には、徹底した気温管理のできる施設が必要だ。

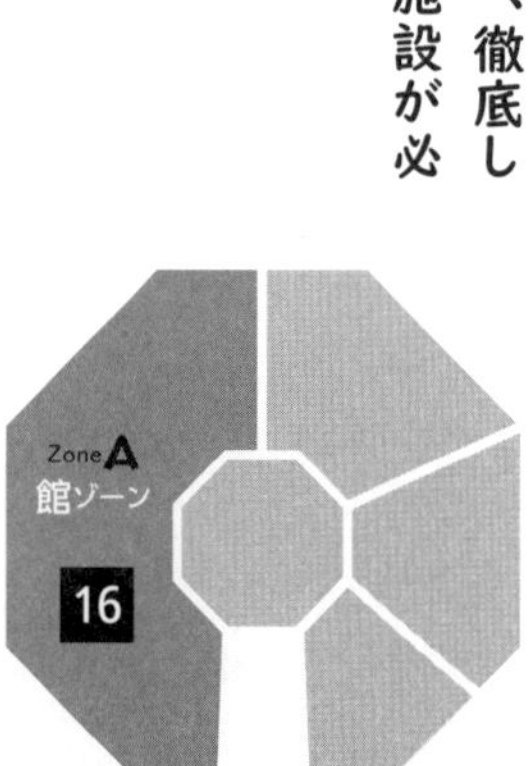

学名：*Mammuthus primigenius*
分類：哺乳類
本来の生息時代：
　新生代新第三紀・第四紀
古生物保護条約カテゴリー「A」

保護センター経由で動物園へ

国際自然史保護連合（ＩＵＣＮＨ）が、とくに力を入れて保護している古生物の一つに、「マムーサス・プリミゲニウス」がいる（※1）。日本語で「ケナガマンモス」や「ケマンモス」とよばれるゾウ類だ。

長い毛で全身を覆い、肛門にも皮膚でフタができるなどの〝耐寒性能〟に優れている（※2）。肩の高さが3・5メートルほどで、アフリカゾウとほぼ同じ大きさだ。

ＩＵＣＮＨがケナガマンモスの保護に注力する理由は、大きく二つある。一つは、キバの〝有用性〟に対する警戒だ。

もともと、20世紀から象牙を目的としたアフリカゾウの狩猟は国際的な問題となっており、１９７３年に調印されたワシントン条約によって取引が規制されていた。

そこで、象牙の代用品として、ケナガマンモスのキバの化石が採集され、市場で取引されていた。化石の取引はワシントン条約の適用範囲外である。

しかし古生物の〝出現〟が始まると、世界中の好事家が化石ではなく、生きたケナガマンモスのキバを求めるようになった。

国際古生物保護条約によって、古生物の狩猟は禁止されたものの、ケナガマンモスは〝出現〟地域が広く（※3）、密猟が絶えない現状にある。

ＩＵＣＮＨはこの状況を受けて、ケナガマンモスを「カテゴリーＡ」（密猟の危険などにさらされており、至急の保護が必要）に指定した。

もう一つは、ケナガマンモスの特性にある。なんと、数世代を経ると現代の気候に適応し、毛のない個体が増えていくことがわかったのだ（※4）。

もっとも、それは自然な進化だ。もちろん、人間がその進化を止めていいものかどうかは議論がある。しかし、「古生物の姿を往時のまま保つ」ことを目的としているＩＵＣＮＨとしては、対応を迫られることになった。

こうした背景のもとに、ＩＵＣＮＨは〝出現〟地域のいくつかに「保護センター」を設置した。群れからはぐれてしまったケナガマンモスの幼体を保護し、各保護センターで飼育を進めている（※5）。

ただし、保護センターにも〝定員〟があるため、ある程度人に慣れた若い個体は、ＩＵＣＮＨ指定の動物園に輸送され、そこで飼育と繁殖が進められている。

マンガ肉

ケナガマンモスの展示空間を一望できる「氷期カフェ」は、とても人気のある食事処です。名物は「マンガ肉」！

すべてをドームの中で

この動物園にあるように、IUCN指定のケナガマンモスの飼育・保護施設は、基本的にドーム構造になっている。この動物園のそれは、東京ドームをひと回り小さくしたような大規模な施設だ。

ドーム内は徹底した温度管理ができるつくりで、ドームの天井には遠隔操作で開閉できる天窓がいくつもある。

「氷期空間」と題されたこの動物園のドームは、内部がいくつもの部屋と通路に区切られている。

「氷期空間」のメインは、学校の体育館約8個分の広さのある放飼場だ（※6）。ここで、6頭のケナガマンモスが飼育されている。

放飼場は高さ2メートル以上の擬岩によって1対7の割合で仕切られている。狭い方で1頭のオスが、広い方で5頭のメスが飼育されている。

放飼場の1面は、擬岩で覆われた壁となっている。この壁に飼育員用通路、ケナガマンモス用通路、重機用の通路の扉がある。扉はすべて厚く重いつくりで、油圧式。遠隔操作によって開閉される。重機は、日常的な土入れや地ならし、あるいは仕切りの運搬などに用いられ、必要に応じて放飼場はさらに細かく区切られる。

壁以外の場所には、放飼場を囲むように幅5メートル、最大水深3メートルの水路がある。ここを流れる水は、水温や流速が管理されて凍らないようになっている。その水路の外側に高さ1メートルの壁があり、その上に観覧用の通路が通る。ちなみに、この動物園では観覧通路沿いに展示を俯瞰できる「氷期カフェ」がある。園内屈指の人気を誇る食事処だ。

観覧通路と放飼場の間には全域にわたって壁があり、来園者はその壁にはまった大きな強化ガラス越しにケナガマンモスを観察する。

観覧通路と放飼場を強化ガラスなどで完全に分割している理由は、もちろん気温管理のためだ。

放飼場側の気温は、基本的に低く保たれている。目安は、床に敷き詰められた土の温度が0℃以上にならないことだ（※7）。室温も15℃をこえないようにする。なお、外気の取り入れも可能で、冬季であれば空調よりも、外気の取り入れが優先されている……おもにコスト的な理由で（※8）。

そのほか、放飼場には干し草を入れておくフィーダーと、針葉樹の植栽がいくつか設置されている。

ケナガマンモス用通路の奥は、非公開エリア。オスの放飼場と同じ広さのあるサブパドック3つと、バドミントンコート1面強ほどの広さのある寝室8部屋が並ぶ。

サブパドックは主に療養個体用で、基本的なつくりは放飼場とかわりはない。

寝室はすべて隣接しており、その境は幅70センチメートル間隔で太い鉄柱が並んで仕切られている。その仕切りには遠隔操作で開閉できる油圧式扉もある。必要に応じて隣接する寝室をつなげることができるようになっている。

なお、サブパドックと寝室の1部屋は、他の部屋と完全に隔離され、独自の空調管理ができる。寝室の1部屋は、療養目的の予備室となる。

トレーニングと暇つぶし

通路の一部と放飼場の一角に、日常的な健康管理をするためのトレーニングエリアが併設されている。ケナガマンモスが格子の間から鼻、耳、足の一部だけを出すことができるこのエリアを使って、さまざまなトレーニングをおこなう。放飼場でなされるトレーニングは、来園者に人気の〝ジョー〟

当園は、ケナガマンモスの「暇つぶし用アイテム」も充実しています。

でもある。

朝になると寝室から放飼場へ順番に移動。夕方になると放飼場から寝室へ戻される。朝食は放飼場に、夕食は寝室にあらかじめ用意して、ケナガマンモス自身による移動を促す。夕食がメインとなり、昼食はおやつ程度だ。

寝室を出るタイミングで、少量の餌を飼育員の手から直接口に入れる。これもトレーニングの一環で、体調をくずした時の投薬をしやすくするためだ。

餌は、干し草、青草、根菜を組み合わせる。1日の量は200キログラムぐらいが目安だが（※9）、基本的には体重をみながら量を調節する。

トレーニングの目的は、日常的な採血ができるようになることだ。通路のトレーニングエリアでは、体重も測定する。

ケナガマンモスたちの暇つぶし用のアイテムも用意。ドラム缶の中央に鼻が入るような隙間をあけて、その中に干し草を入れる。これによって、ときにドラム缶を転がし、ときに隙間から鼻を突っ込んで、干し草を食べる。大型車のタイヤや丸太なども彼らの遊具になるので、日によっては投入されている。

ケツァルコアトルス＆ツパンダクティルス

専用ドームで飼育

古生物監修
林 昭次
岡山理科大学

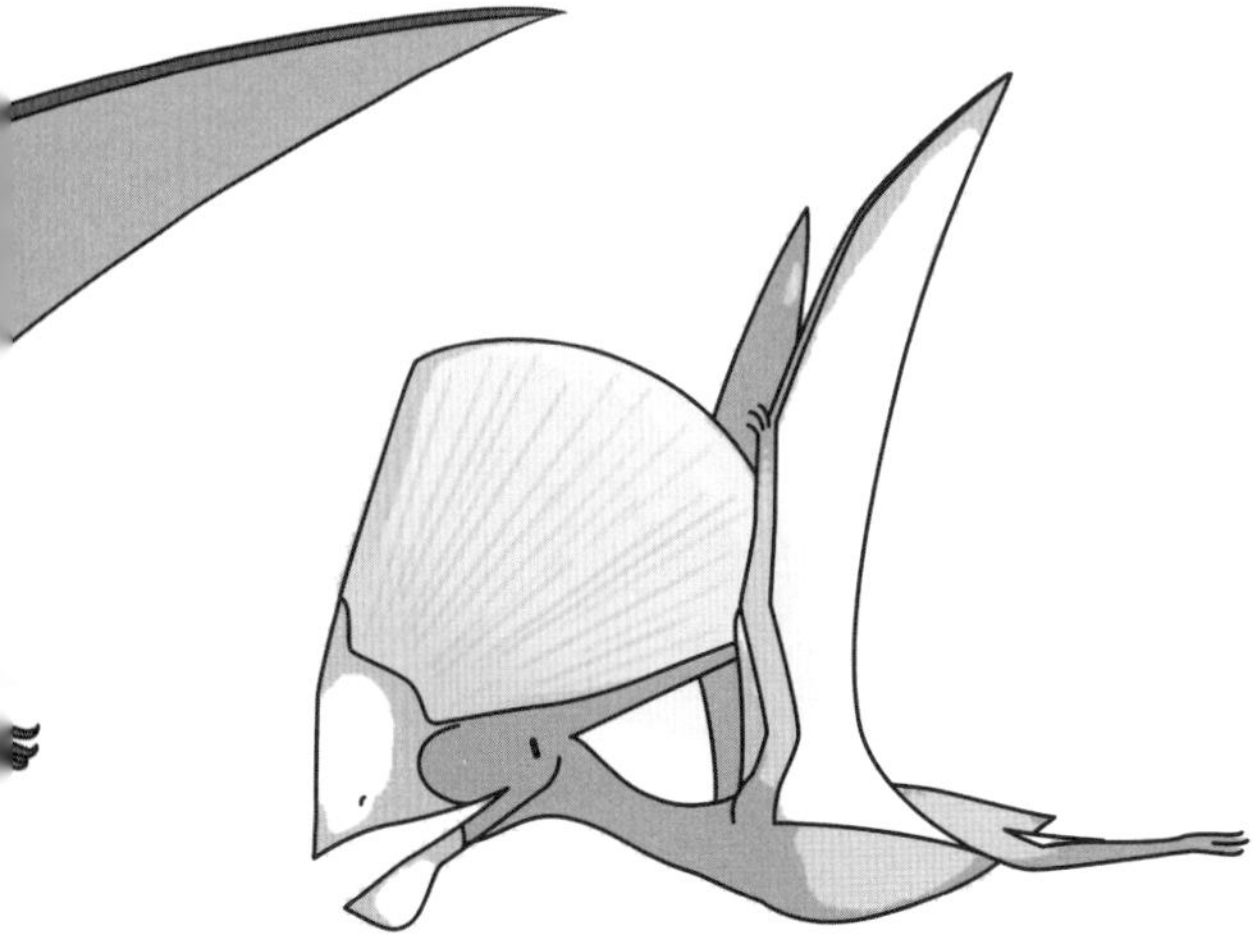

ツパンダクティルス

生命史上最大級の飛行動物で知られるケツァルコアトルスと、頭部の大きなトサカがトレードマークのツパンダクティルス。ともに「翼竜類」という爬虫類グループに属している。

翼竜類には、鳥類とちがった特殊なケージが必要だ。巨大送風機を設置すれば、飛行シーンの観覧も無理じゃない。

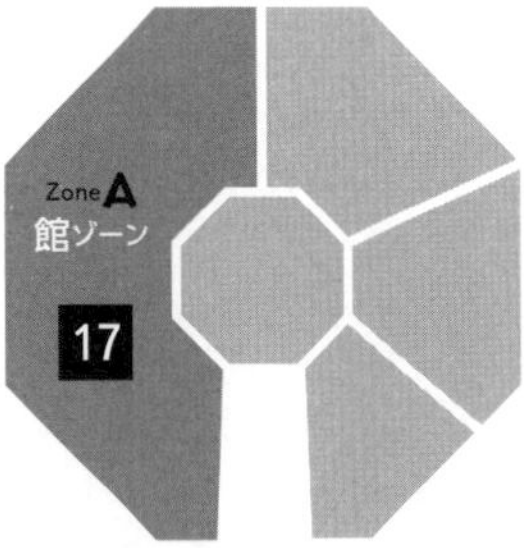

学名：*Quetzalcoatlus*
分類：翼竜類
本来の生息時代：中生代白亜紀
古生物保護条約カテゴリー「B」

学名：*Tupandactylus*
分類：翼竜類
本来の生息時代：中生代白亜紀
古生物保護条約カテゴリー「―」

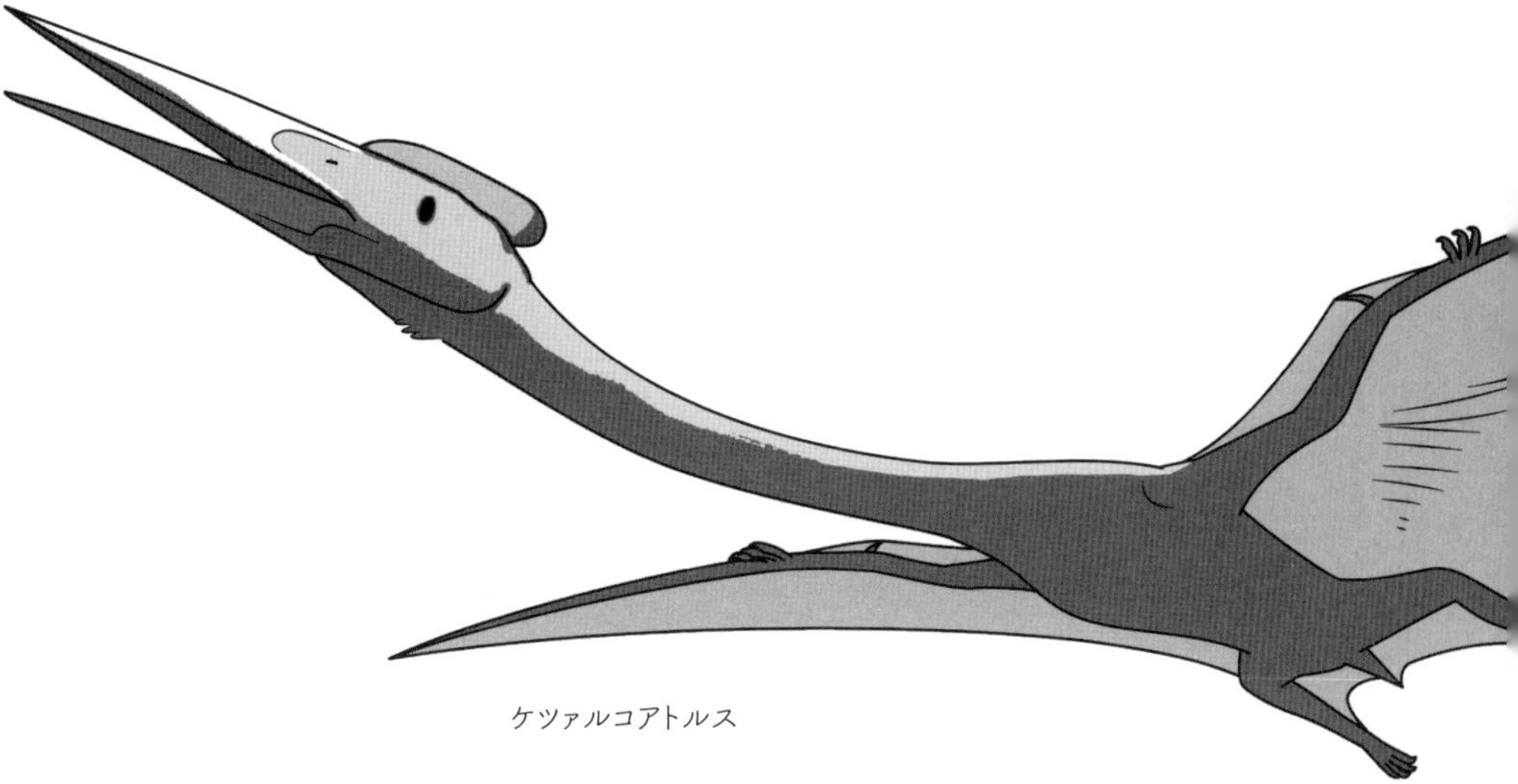

ケツァルコアトルス

積極的に捕獲が求められる巨大翼竜

古生物たちが〝出現〟するようになって、空には日常的に翼竜類が飛ぶようになった。沿岸地域を中心にさまざまな翼竜類を見かけることも多いだろう。

ほとんどの翼竜類に関しては放置されている。現実問題として、空を飛ぶ動物をすべて捕獲・保護することは困難だからだ。

動物園で保護・飼育されている翼竜類は、ケガをしたり、仲間とはぐれたり、何かしらの「保護」が必要な個体から始まった。現在では、そうした個体同士の繁殖から生まれた〝動物園生まれ・動物園育ち〟も少なくない。その場合は動物園間で、個体の入れ替えがおこなわれている（※1）。

ただし、国際古生物保護条約で積極的な捕獲が求められている種類もいくつかある。翼開長10メートルという大型翼竜ケツァルコアトルス（※2）も、その一つ。

国際古生物保護条約におけるケツァルコアトルスのカテゴリーは「B」。つまり、「人間に危害を及ぼす可能性があるため、出現を確認後、早急なる捕獲が必要」だ。

この「翼竜ドーム」は、IUCNHの要請を受けて、ケツァルコアトルスのような大型翼竜も飼育できるようにつくられました。

なにしろ、ケツァルコアトルスは地上を歩行し、小さな動物を襲うこともある（※３）。人間を襲うことは少ないにしろ、子犬や子猫の飼い主にとっては驚異でしかない。

そのため、国際自然史保護連合（ＩＵＣＮＨ）の委託を受けた専門家がケツァルコアトルスの捕獲を進めている。

その捕獲方法はシンプルで、複数人のチームで冬季の夜間に巣に接近し、眠っているうちに目隠しを施して、口が開かないように縛る。翼を傷つけないように気をつけながら、大型のトレーラーなどで運搬する。

翼竜ドームには巨大送風機を

捕獲が簡単でも、ケツァルコアトルスの飼育は簡単じゃない。

なにしろ、翼を広げたときの大きさが、大型バスの長さとほぼ同じである。国際古生物保護条約では、そんな大型種であっても、できるだけ自然状態と同じ環境下……つまり、「飛行できる環境下」で保護・飼育することを求めている。

その点、この動物園には、大型の「翼竜ドーム」があるため問題はない。東京ドーム２個分、高さ40メートルほどの金網でできたドームだ（※４）。

このドームはもともと、ブラジルから保護と研究のためにやってくる翼開長３メートルほどのツパンダクティルス（※５）のために設計されたものだ。

ツパンダクティルスが輸入された理由は、独特な形のトサカにある。まるでヨットの帆のようなトサカが、どういった役割を果たしているか、詳しく研究するためだ。

そして、ＩＵＣＮＨの要請を受けて、ケツァルコアトルスのような大型翼竜も飼育できるようにドームが再設計され建設に至った。

現在、このドームでは、２頭のケツァルコアトルスと、10匹のツパンダクティルスが飼育されている。中央部には直径40メートルの池があり、水飲み場となっている。

ドームの北側はゆるやかな斜面。奥に行くほど高くなる。その斜面のふもとには、複数の巨大送風機が設置されている。送風量を調節することで、ツパンダクティルスのような小型から中型の翼竜には弱い風、ケツァルコアトルスのような大型翼竜に対しては強い風を送ることができる（※６）。

斜面のふもと近くには、分厚いアクリルガラス越しの観覧室がある。

　1日2回、丘の頂上付近にある3重の扉をくぐって飼育員がケージ内に入る（※7）。翼竜たちは、基本的に人を襲うことはないけれども、なにしろ大きさが大きさなので、監視役を含めた複数人でチームを組む。

　ケツァルコアトルスの餌は、マアジなどにビタミン剤を付与したものを、1日に1・6キログラムほど与える。ツパンダクティルスは、果物を1日に400グラムほど。

　餌場は丘の頂上と、観覧室の前。時間差をつけて置き、送風機の送風とタイミングを合わせることで、翼竜たちが観覧室に向けて飛ぶように仕向けることができる。翼竜たちにとっても、丘を歩いて登り、滑空し、また歩いて登るので、いい運動になる。

観覧室の下に個別ケージ

　観覧室の下に、大型翼竜類用の3部屋の隔離ケージと、小型翼竜用の10部屋の隔離ケージが用意されている。この部屋は非公開で、治療などをおこなう場所だ。

　バックヤード側の出入口は3重の扉になっていて、すべてが同時に開かないつくりになっている（※7）。展示用のケージ側の扉と、各隔離ケージをつなぐ扉は、バックヤードから電動の操作で開閉することができる。

　ちなみに、繁殖し、産卵した場合は、バックヤードの孵卵室へ運ばれて管理されている。

Zone

B 平野ゾーン

広大な敷地でのびのびと暮らす古生物たちが魅力のゾーンです。このゾーンを訪れる際には、ぜひ、双眼鏡をご準備ください（園内の売店でも購入可能です）。あなたの“旅”をもっと楽しくしてくれるはずです。人気の巨大恐竜 —— マメンチサウルスを見ることができるのは、こちらのゾーンになります。

- 18 ディメトロドン
- 19 ステゴサウルス
- 20 マメンチサウルス
- 21 トリケラトプス
- 22 ニッポノサウルス
- 23 アンキロサウルス
- 24 デイノケイルス
- 25 ガストルニス
- 26 エオヒップス
- 27 ディイクトドン
- 28 モスコプス

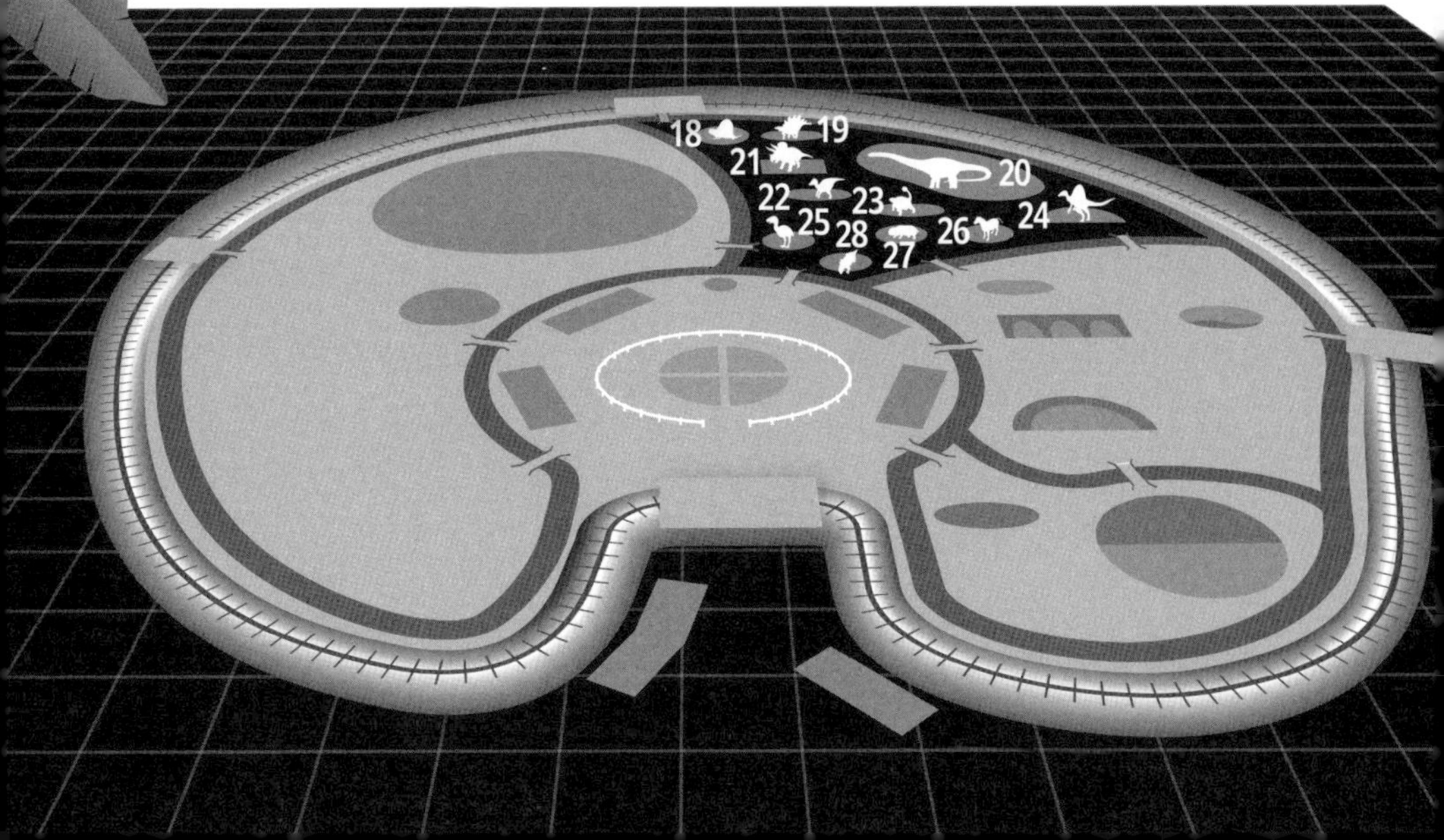

帆をもつ〝哺乳類の親戚〟

ディメトロドン

古生物監修

奥村よほ子
佐野市葛生化石館

「あっ、恐竜だ！」

いや、ちがう。ディメトロドンは、恐竜じゃない。この動物は、「単弓類」の一員。恐竜類よりも、むしろ私たち哺乳類に近縁だ。

恐竜にまちがわれることが多い古生物として、関係者の間ではよく知られているが、恐竜類よりも飼育は簡単である。

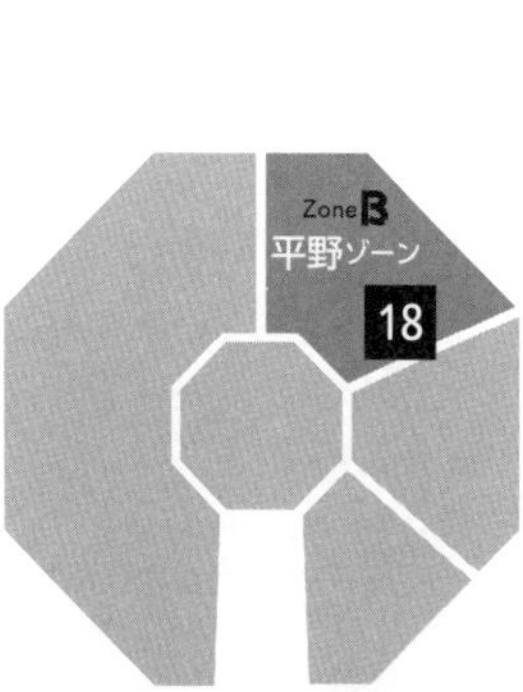

学名：*Dimetrodon*
分類：単弓類（〝盤竜類〟）
本来の生息時代：古生代ペルム紀
古生物保護条約カテゴリー「B」

半分外、半分中の展示

テニスコートよりやや広い展示場が、四つ並んでいる（※1）。

それぞれの展示場の半分は、屋外だ。高さ2メートルほどの返し付きの鉄柵で囲われていて、下には土が敷かれている。来園者の視線をさえぎらないようにしながら、日当たりのいい場所に岩場が設けられており、風の通るところには植栽が配置されて地面に陰をつくっている。

その屋外と1枚の壁を挟んで、屋内の部屋がつながっている。壁には、遠隔操作で開閉のできる扉があり、よほど寒いか、暑い季節以外は常時開放されている。

アクリルガラス越しに観覧できる屋内も、床には土が敷かれている。展示場の端には長さ3メートル弱、幅1メートル、深さ30センチメートルほどの水場がある（※2）。これは、もっぱら暑い季節に、この展示の〝主〟が浸かって体を冷やすためのものだ。

屋内展示場は冷暖房も完備されており、暑すぎたり寒すぎたりするときに、屋外へつながる扉を閉じて、気温調整がおこなわれる（※3）。なお、屋外にも、土の下の一部や擬岩の中にヒーターが設置されており、寒い時には体を一時的に温めることができるようになっている。

この展示場の〝主〟は、「ディメトロドン」だ（※4）。

各展示場に1頭ずつ。合計4頭がこの動物園では飼育されている。オスとメスが2頭ずつだ。

ちなみに、普段は個別に飼育されているけれども、繁殖期には各展示の間にある扉が解放され、オスとメスが出会えるようになっている。

意外と脆い〝帆〟に気をつけて

ディメトロドンは、大きなものでは全長3・5メートルほどにまで成長する。がっしりとした四肢は、ワニのように側方にのび、あごは大きく、口には鋭い歯が並ぶ。

最大の特徴は、背中の大きな帆だ。その高さは1メートルをこえる。

このように恐ろしげな見た目なので、恐竜とまちがわれることも多い。そのため、解説板には「恐竜類ではない」とわざわざ明記されている。

ディメトロドンは、分類上は「単弓類」に属する（※5）。哺乳類も単弓類なので、こんな姿でも、私たちの親戚のような存在なのだ。

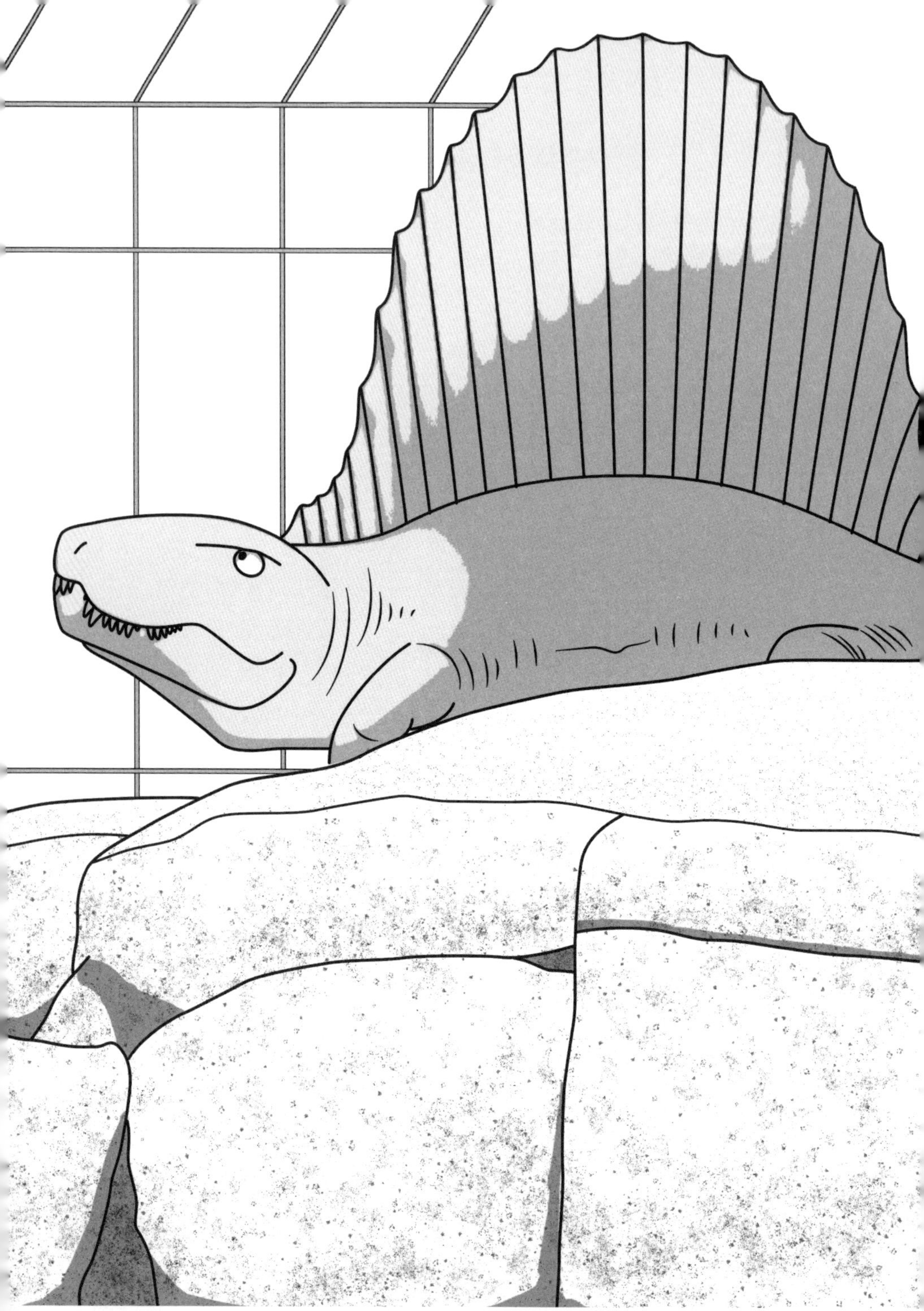

日中はおとなしく休んでいることが多いです。
驚かさないように静かに見てね!

野生のディメトロドンは、水辺を中心に狩りをおこなうことで知られている。自然の中でレジャーを楽しんでいるときに遭遇することも少なくなく、国際古生物保護条約では当初、この古生物を「カテゴリーB」に位置づけていた。すなわち、「人間に危害を及ぼす可能性があるため、出現を確認後、早急なる捕獲が必要」である。

ただし、寒さと暑さへの耐性がさほどなく、とくに日中はおとなしくしていることが多いため、想定されていたほどの危険性はないことがわかってきた。そのため、近年はカテゴリーBからはずすべきか否か、という議論が進められている。

捕獲する際は、日中の活動レベルが下がっているときに接近し、まず口をタオルで縛り、数人で運ぶ方法が定石だ。その際、背中の帆には触らないように気をつける。帆をつくっている骨が細く、折れやすいためだ。その点では帆が成熟しきっていない幼い個体の方が、安心して捕まえることができる。

ディメトロドンは、この帆を日光に当てて体温を上げ、風に当てて体温を下げる（※6）。体温調整に欠かせないものなので、うっかり壊してしまわないよう注意が必要だ。

なお、動物園でディメトロドンをしっかり見学したければ、冬の開園直後がいちばんいい（※7）。上手くいけば、岩場の上で日光浴をしている姿を見ることができるかもしれない。

世話は意外と簡単？

展示場とは別に非公開の隔離室がある。各展示と通路でつながるこの部屋は、小中学校の教室二つ分ほどの広さで、基本的には展示場と同じつくりとなっている。ただし、床は掃除しやすいようにコンクリートだ。療養の必要な個体や、幼体などを飼育するための部屋である。

ディメトロドンの日常の管理は、簡単なものだ。

餌は、週に1回。冷凍ラットを数匹与え、ときにニワトリを1羽、まるのまま与える。

水場は、糞などで汚れていない限り、1日1回水を少し抜いて足す。週に1度は水を完全に抜いて掃除する。掃除は、ディメトロドンの活動が落ちる日中におこなわれる。

尾の鋭いトゲに注意！

ステゴサウルス

古生物監修
林 昭次
岡山理科大学

「剣竜類」とよばれる植物食恐竜グループの代表種。背中に並ぶ骨板と、尾のトゲがトレードマークだ。

近年は骨板とトゲを狙った密猟があとをたたず、野生個体の減少が著しい。そのため、国際自然史保護連合（IUCNH）は、積極的な保護と繁殖を各国によびかけている。

飼育にあたっては、尾のトゲに細心の注意を払う必要があるだろう。

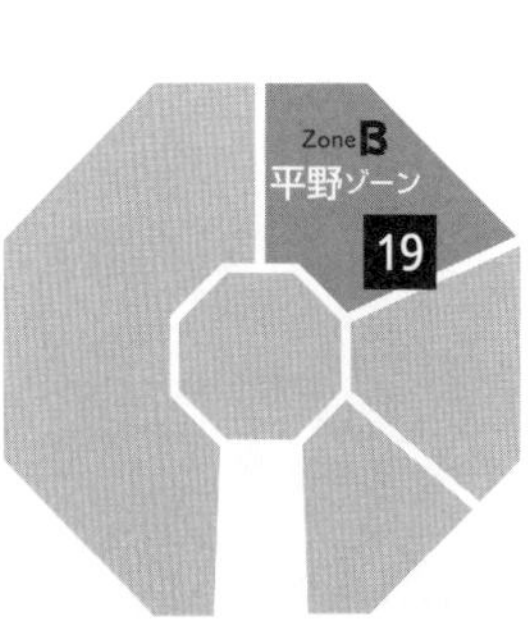

学名：*Stegosaurus*
分類：恐竜類
本来の生息時代：中生代ジュラ紀
古生物保護条約カテゴリー「A」

骨板を使って体温調整

背中に並ぶ骨板と尾のトゲを特徴とする剣竜類、ステゴサウルス（※1）のコーナーだ。観覧場所から幅3メートルほどの池を挟んだ先に、放飼場が広がっている（※2）。

ステゴサウルスの背の骨板は、表面に細かい血管が通っており、体温調節に役立っている。したがって、夏の間は木陰で骨板に風を当てて涼んでいることが多い。

とはいえ、「暑いのが苦手」というわけではない。もともと夏季は45℃に届こうかという気候下にいた恐竜だ。日本の酷暑にも十分耐えることができる。

夏季以外であれば、広い放飼場をゆっくりと歩きながら、ときには食事をし、ときには水を飲んでいる。餌場は3カ所に離して設置してあり、ステゴサウルスたちは気ままな場所で食事をしている。

一方で、ステゴサウルスは寒さに弱い。なにしろ、冬でも20℃までしか下がらなかった地域からやってきているのだ。涼しい明け方であれば、陽当たりのよい場所に陣取って、背の板を日光に当てているはず（※3）。とくに寒い時期は、屋外には出されず、屋内展示だけとなる。

尾のトゲに気をつけて捕獲

ステゴサウルスは、日本も加盟する国際古生物保護条約で「カテゴリーＡ」に位置づけられている。カテゴリーＡは、「率先して保護し、飼育下における研究・繁殖・種の保全を目指す」という内容になっている。

アメリカ北西部に出現した（※4）ステゴサウルスは、当初から違法な狩りの対象にされてきた。国際自然史保護連合（ＩＵＣＮＨ）は、各国の専門家に積極的な保護をよびかけている。

この動物園で保護されている3頭は、同じ森林にいた個体だ。3頭を捕獲する際には、奥行き5メートル、左右幅2メートルほどの檻が使われた。この檻は特別製で、幅を1メートルまで狭くすることができる。なぜこのようなしかけがあるかというと、この恐竜の尾がとても危険だからだ。

ステゴサウルスの、ほぼ唯一にして最大の武器が、この尾のトゲだ。幼体には未発達だけれども、成体と亜成体には大きく発達した4本のトゲがある。とくに成体のトゲはなかなか強力で、尾の可動域も意外と大きい（※5）。檻の幅を狭くして、尾を自由に振ることができないようにしないと、非常に危険なのだ。

骨髄炎に注意して

この動物園では、ステゴサウルス3頭のために、バスケットボールコート5面分の放飼場、テニスコート2面分の屋内展示場、テニスコート1面分の寝室3部屋、屋内展示場と同規模のサブパドックを用意した。

基本的には、朝になると寝室から放飼場や展示場へ、夜になると寝室へと移すことができるようにしてある。

保護が急がれているステゴサウルスのために、世界中のIUCNH指定
動物園で飼育施設の建設が進んでいます。当園のこの展示場は、世界
でもいち早くつくられたもので、モデルケースの一つとなっています。

最大で全長7メートルほどにまで成長するステゴサウルス。でも、この動物園にはそのサイズの個体は1頭だけ。残りは、成体の3分の2ほどの大きさの亜成体が1頭、幼体が1頭だ。このうち、亜成体だけがオスであり、残りの2頭はメスだ。オスはメス2頭とは隔離されて暮らしている。同時に同じ展示に出すことはない。

　屋内展示場の床には土を敷いているが、じつはその下に床暖房を設置して、部屋の気温をしっかりと管理している。ステゴサウルスたちにとって、この床暖房の上がなにより居心地が良いらしく、涼しい季節は、オスもメスも屋外より屋内を好む傾向にある。

　1日に必要な食事量は、干し草を20・1キログラム（※6）。これを朝食に少量、夕食に残りのすべてといった具合に分けて与えている。昼は少量のイモやリンゴがおやつとなる。

　そのほか、寝室から出すタイミングで、飼育員がイモ類などを直接手で口に入れる。投薬が必要なときは、このイモ類に薬を混ぜることもある。ステゴサウルスのあごの力は弱いので、気をつけていれば噛まれて大ケガする可能性は低い（※7）。飼育員の移動に際しては、尾のトゲの可動域に入らないよう、十分に注意が払われている。

　ステゴサウルスは骨髄炎になりやすいことが知られており（※8）、一カ月に一度、寝室で採血して検査をおこなっている。寝室の壁の一面は、縦と斜めの格子が組み合わさった頑丈なつくりになっていて（※9）、その一部分からステゴサウルスが頭だけ出せるようになっている。朝、格子の外に餌を置いて、格子から首をのばしている間に採血する。

繁殖期の目安は背の骨板

　飼育しているステゴサウルスが性成熟期に達すると、動物園同士が連携して〝お見合い〟と繁殖にあたる。

　野生のステゴサウルスは、メスをめぐってオス同士が背の骨板を比べあったり、尾のトゲでケンカしたりすることもあるようだが、飼育下では同世代のオスが複数頭いない限りその心配はない。

　動物園内のオスとメスで繁殖させる場合もあれば、他の動物園で同世代の雌雄を会わせることもある。この動物園で飼育されている3頭は、保護された場所が近かったことからおそらく血縁同士と考えられるので、繁殖には別の動物園の個体とのお見合いが必要になるだろう。

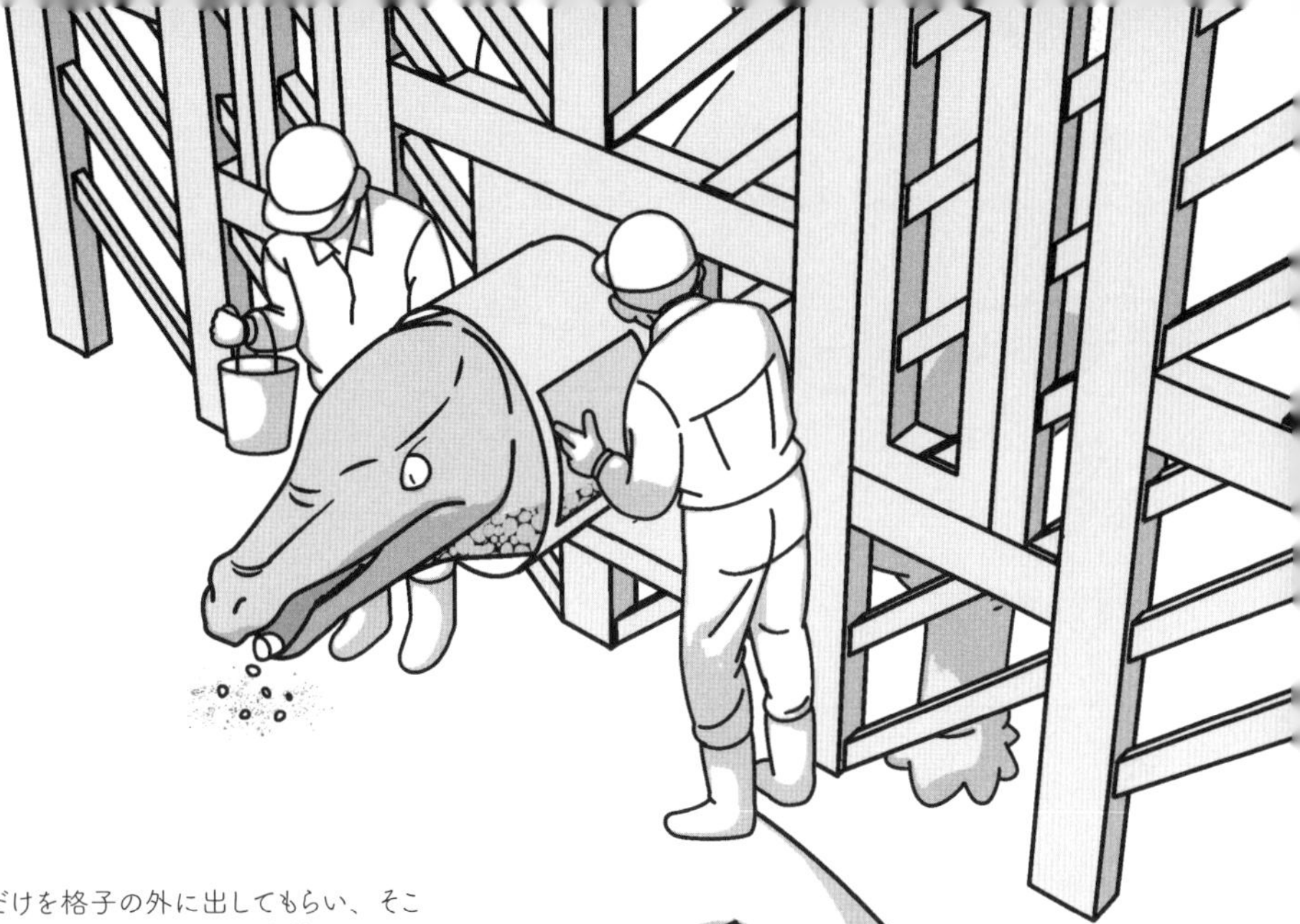

頭だけを格子の外に出してもらい、そこから採血しています。健康管理はとても大切です。

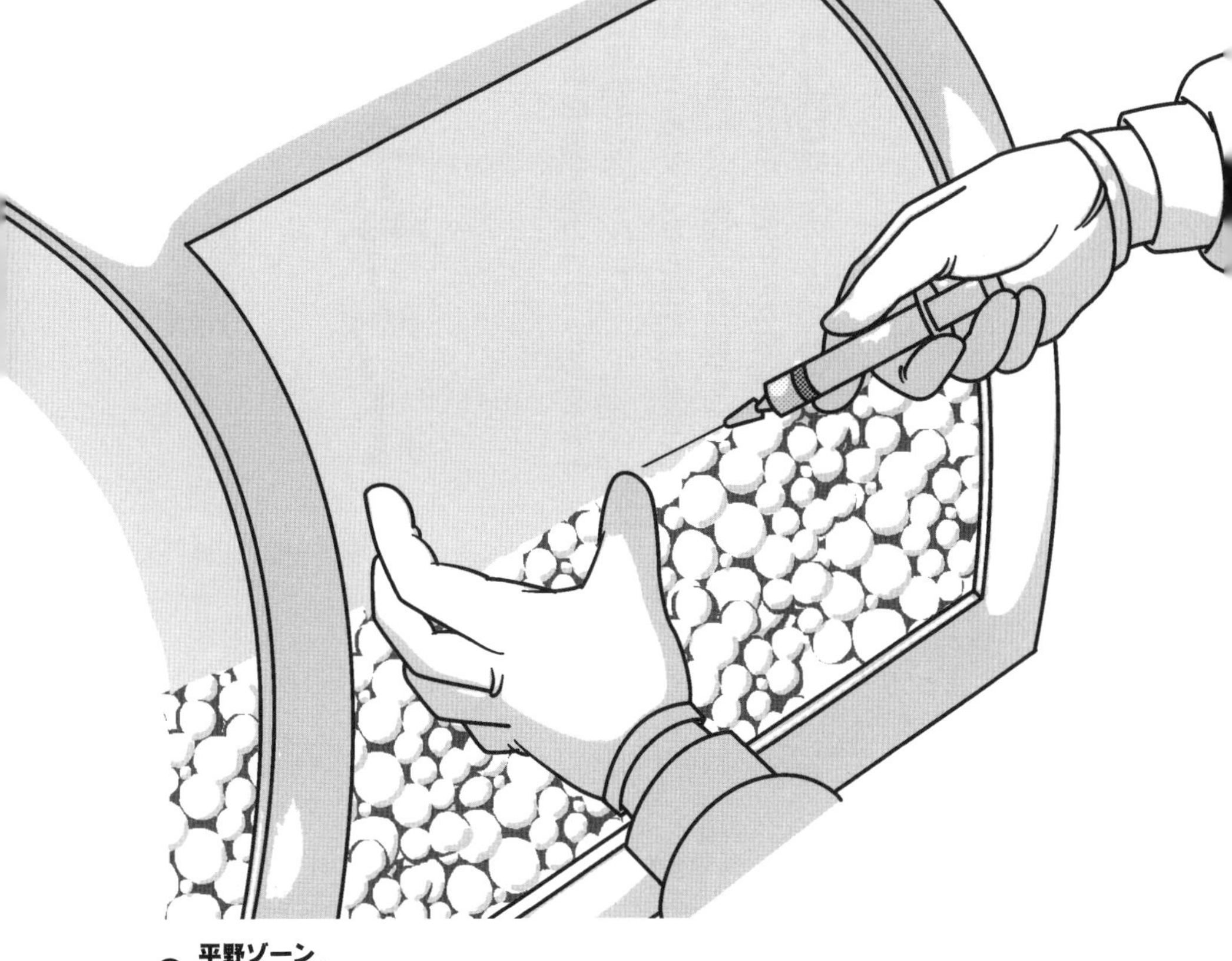

巨大恐竜は卵から育てる

マメンチサウルス

古生物監修
林 昭次
岡山理科大学

史上最大級の陸上動物の一つ、マメンチサウルス。飼育は卵から始められる。

孵化後は、広く開放された空間が必要だ。おやつを上手に使い、来園者への誘導を図る。サイズがサイズだけに、飼育には危険をともなうので、飼育員は常にチームで動くことが求められる。

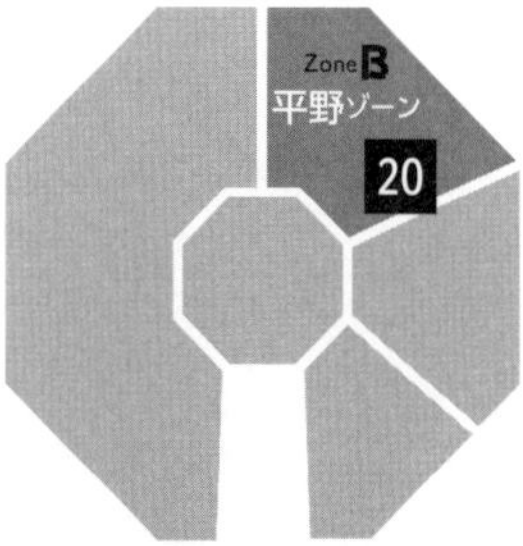

学名：*Mamenchisaurus*
分類：恐竜類
本来の生息時代：中生代ジュラ紀
古生物保護条約カテゴリー「一」

卵を拾う

小さな頭に長い首、どっしりとした胴体に柱のような四肢、そして長い尾。これは「巨大恐竜」の代名詞たる竜脚類に共通する〝およその姿〟だ。このグループの恐竜は、全長20メートル超えの個体も珍しくない。

そんな竜脚類のなかでも、とくに巨大な種として知られるのがマメンチサウルス（※1）。全長は26メートルにも達する。ほかの竜脚類と比べて首が長いことも特徴で、全長の半分を首が占めている。

マメンチサウルスは中国南西部に〝出現〟する。26メートルまで成長した成体はもとより、20メートル超級の亜成体であっても、捕獲することは事実上不可能。あまりにも大きすぎるからだ。中国では陸軍を投入し、人里への侵入を阻んでいる。

軍が成体の行動範囲を牽制する一方で、中国当局が率先しておこなっていることがある。

それは、巣の発見と卵の確保だ。

マメンチサウルスの〝出現〟を放置し、そのままにしておくと、繁殖を進めて数が増えてしまう。軍の負担が年々大きくなることが予想されるため、当局は積極的に巣を発見し、卵を確保することで、自然繁殖に制限をかけている。

マメンチサウルスの卵の確保は、じつはさほどたいへんなことではない。

彼らは日当たりのいい場所に土を掘り、球状の卵を産み落とす。その後の世話は一切しない（※2）。産卵を終えた成体の姿が見えなくなれば、卵は採集し放題となる。

放飼場にひと工夫

マメンチサウルスの飼育には、広いスペースが必要だ。なにしろ、成長すれば26メートルの巨体となる。

成体5頭まで飼育できるこの動物園では、東京ドーム1個ほどの広さの放飼場が確保されている。外周には幅20メートルの川が流れており、川の外側には高さ5メートルほどの鉄柱とワイヤーでつくられた柵が連なる（※3）。

柵には複数の場所に、高さと奥行きを変えられる餌台が用意され、干し草を中心とした餌が入っている。この餌台は地上まで降ろすことが可能で、飼育員がタイミングを見て補充する。

柵の外側は基本的には飼育員だけが歩くことができる通路

当園では、マメンチサウルスをほぼ真下から見上げることができます。

だ。その外周に1カ所だけ、観覧場所が用意されている。

観覧場所は、屋根付きのスタンド風。高さ20メートルの開放型の建物で、内部は2階立てだ。1階は放飼場の内側に20メートルほど入り込んでおり、側面と天井に分厚い透明アクリル板を設置。2階は鉄柵で、ここにも高さと奥行きの調整できる餌場が用意されている。

この餌場に、おやつの時間になると飼育員が果物を入れる。すると、マメンチサウルスが自分から観覧場所にやってくるという寸法だ。2階の来園者は目の前で食事シーンを見ることができるし、1階からは見上げるアングルを楽しむことができる。

現在、この動物園にいるマメンチサウルスは成体が2頭。幼体のときに来日した。現在は、成長を遂げ、知られているかぎり最大のサイズに迫っている。

観覧場所の隣には、小中学校の体育館を二つつなげたくらいの大きさの屋内隔離場が用意されている。ここは、体調不良やケガに対応するための非公開空間だ。

屋内隔離場内の餌やり場は、直径2メートルほどの格子でできた筒の先にあり、その筒に首を突っ込まないと餌を食べることができないようになっている。そして、筒に首を突っ込んでいるうちに、足元で柵越しに注射をすることができる。

屋外ではチームで飼育する

中国からマメンチサウルスの卵が送られてくるようになり、この動物園では、孵卵と幼体のための屋内施設を用意した。

小中学校のプールほどの広さがあるこの屋内施設では、一部にパネルヒーターを設置して土を敷き、卵の孵化場所としている。卵は土の上に等間隔で配置する。

孵化場所から仕切り板を挟んだ向こうには、幼体たちの保育場が広がる。もっとも、孵化後の幼体がこの保育場にいる期間は短く、健康診断等が終われば、放飼場に放つことになっている。

屋内施設には、強化ガラス越しに観覧場所が用意されている（※4）。現在は、土の上に並ぶ卵しか見ることができないけれども、いずれは孵化直後の幼体にも出会えるだろう。

餌は、朝、昼、夕方の3回。それぞれ干し草を10キログラム以上。餌のやり場は、餌台を中心に複数カ所用意されており、すべての餌台が空になることがないようにしている。

さて、放飼場がいかに広かろうと、餌台に柵の外側からアクセスできようと、放飼場内の糞は片付けなければいけないし、施設の点検も必要だ。

そういうわけで、飼育員は毎日この放飼場に入る。このとき、必ず３人以上のチームで行動し、少なくとも２人は監視役となって、マメンチサウルスの動きを注視している。踏みつけられないように注意しなければならないからだ。

なお、飼育員たちが放飼場に入る通路は、成体のマメンチサウルスにはもちろん通ることができないけれど、若い個体には通ることができてしまう。

そのため、通路は入り口と出口にそれぞれ頑丈な扉が設置されており、その両方が同時に開くことはないようにつくられている。

大きなツノと
フリルが魅力

トリケラトプス

古生物監修
千葉謙太郎
岡山理科大学

ティラノサウルスと並ぶ人気の恐竜、トリケラトプスは角竜類の代表種だ。

　これまでにたくさんの種類の角竜類が現世に出現した。トリケラトプスは、そのなかで最も大きな体をもち、そして、最も飼育が難しいという。

　ツノは危険で、世話も大変だけれども、人気は高い。多くの保護施設が協力して繁殖を進めている。

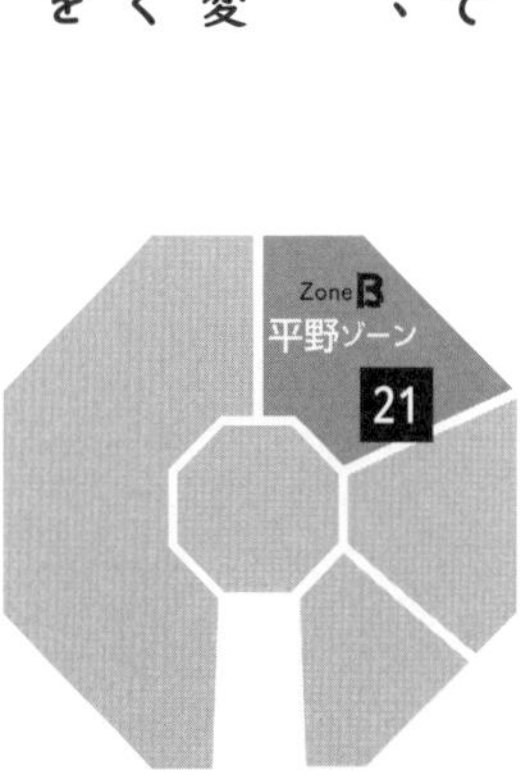

学名：*Triceratops*
分類：恐竜類
本来の生息時代：中生代白亜紀
古生物保護条約カテゴリー「C」

成体は分けて飼育

頭部に生える大小3本のツノ、後頭部に発達した大きなフリル。そんな特徴をもつ「子どもたちに人気の植物食恐竜」といえば、トリケラトプスだ（※1）。

トリケラトプスはアメリカをはじめとして、世界各地の多くの動物園で保護されている。日本でも、この動物園のほか、いくつかの動物園で飼育されている。すでに「見たことがある」という人も多いだろう。古生物を扱う動物園では、「定番」とされる動物の一つだ。

この動物園は、トリケラトプス飼育において国内随一の歴史をもち、展示も充実している。

放飼場は、バスケットボールのコート5面分よりもさらにひと回り広い（※2）。そんな広い展示室は、東から3分の1あたりで標高2・5メートルほどの〝人工の山〟で2分されている。「山」とはいっても急峻で、とてもトリケラトプスが登れるものじゃない。

人工山のふもとには大きなトンネルが1本。両側の出口は丈夫な扉で封鎖されている。必要に応じて、山を挟んだ東西の放飼場を行き来できるようにするためのつくりだ。

観覧通路と放飼場の間には、幅3メートルほどの人工の川が流れていて、水飲み場を兼ねている。

放飼場の奥には、イチジクなどの落葉樹が植えられている（※3）。こうした樹木の果実はトリケラトプスの〝おやつ〟になる。夏は生い茂る葉がほどよい影をつくり、冬は落葉して放飼場のほぼ全域に日光が当たる。

今日は、山の東側でトリケラトプスのオスが1頭、西側でメスが1頭放たれている。ともに成体の個体だ。

放飼場の奥に、屋内に設けられた展示場もある。

屋内展示場は、バスケットボールのコート1・5面分の部屋で構成されている。

部屋は合計四つ。それぞれの床にはやわらかい土が敷かれ、水飲み場がある。部屋の中央付近には床暖房が備えられ、部屋と部屋の間は、丈夫な格子で隔てられている。

4部屋は、屋外の山の東側に1部屋が、西側に3部屋が油圧式の扉でつながり、アクリルガラスを挟んで屋内の観覧場所がある。

今、屋内展示場の1部屋では、1頭の成体のメスが午睡中。その隣の2部屋では、10頭ほどの幼体が遊んでいる。床暖房のある場所でうとうとする子もいれば、じゃれ合う

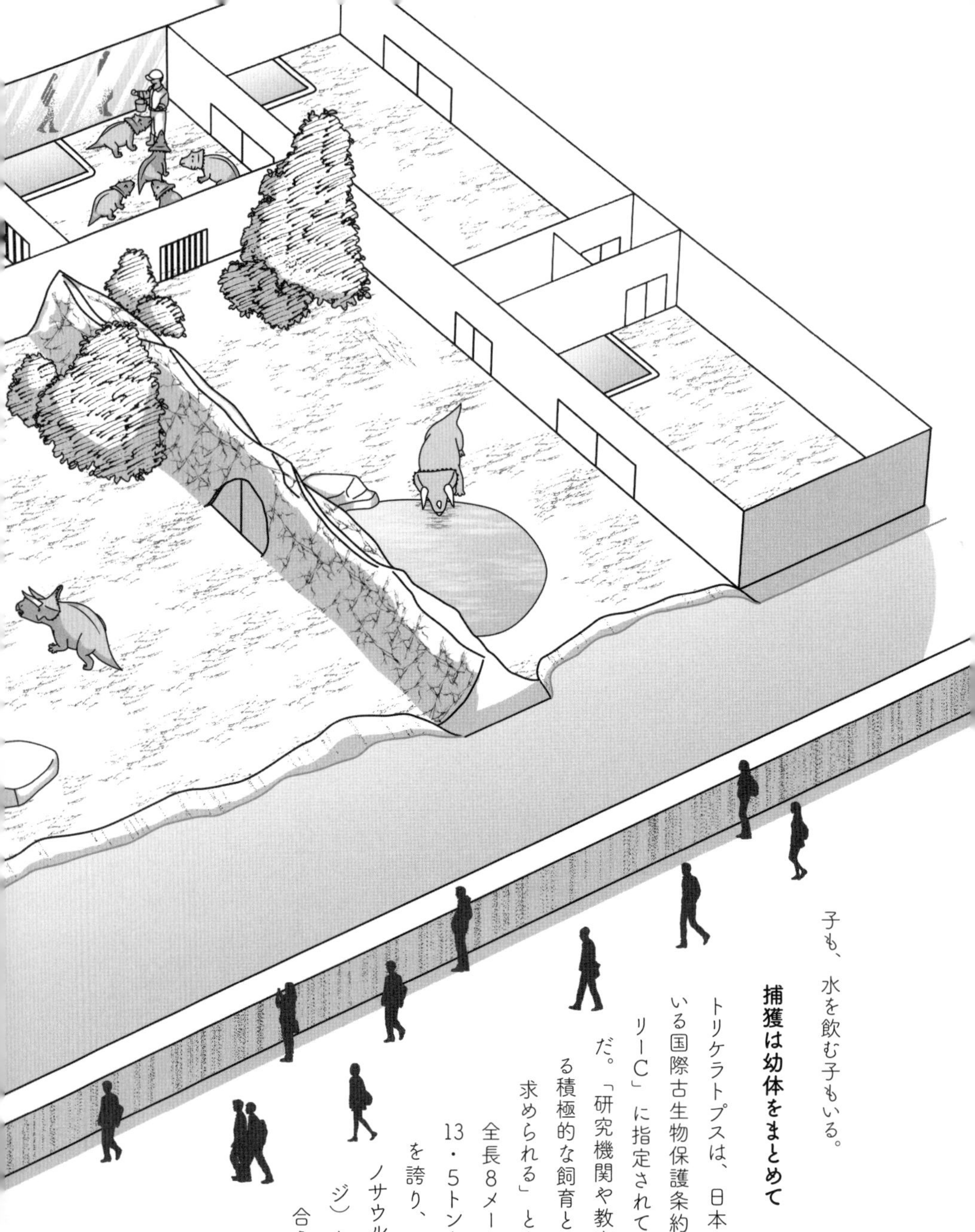

子も、水を飲む子もいる。

捕獲は幼体をまとめて

トリケラトプスは、日本も調印している国際古生物保護条約で「カテゴリーC」に指定されている古生物だ。「研究機関や教育機関による積極的な飼育と保全研究が求められる」とされている。

全長8メートル、体重13・5トンという巨体を誇り、かのティラノサウルス（234ページ）とさえ渡り合う。そんな

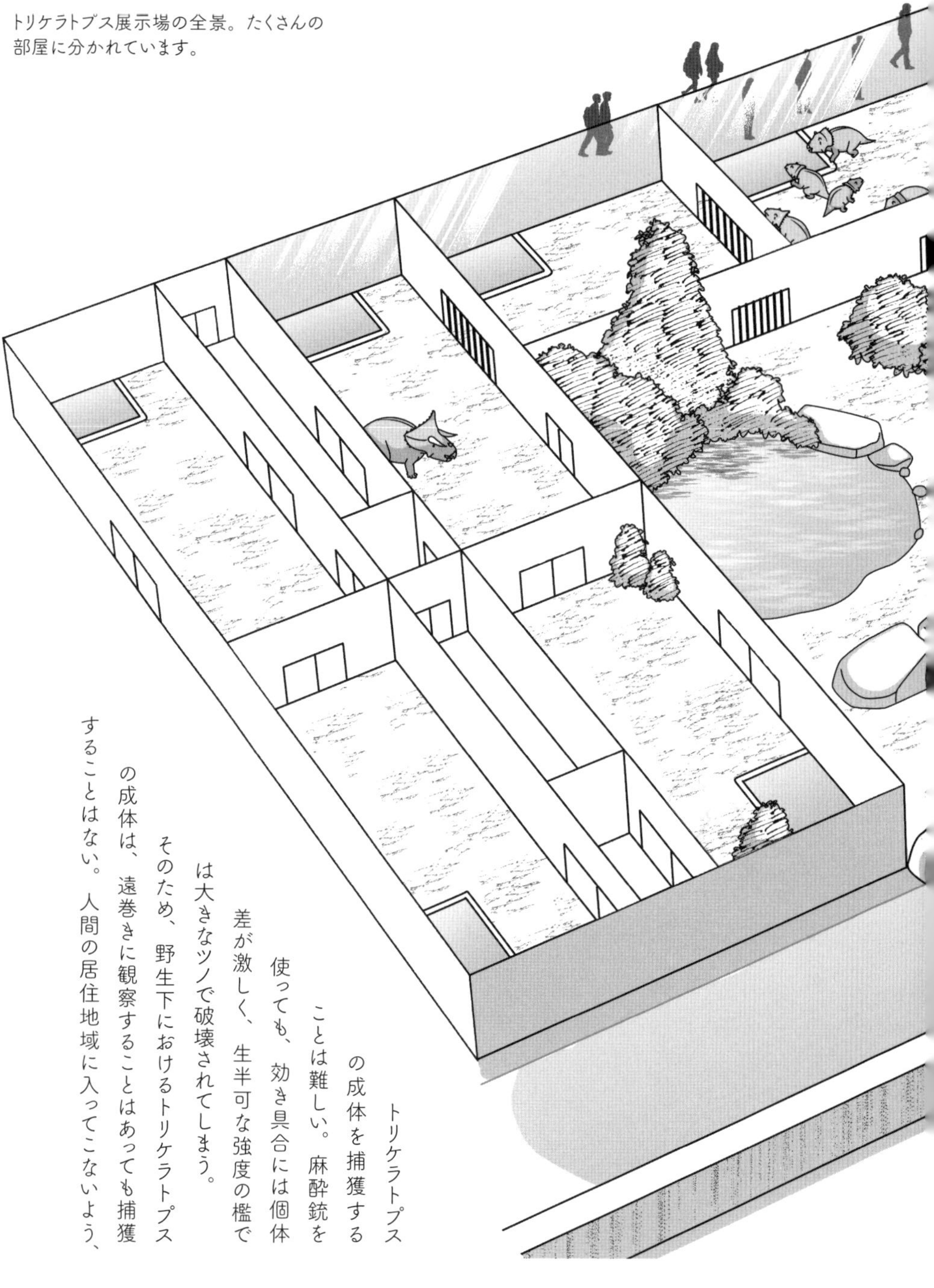

トリケラトプス展示場の全景。たくさんの部屋に分かれています。

トリケラトプスの成体を捕獲することは難しい。麻酔銃を使っても、効き具合には個体差が激しく、生半可な強度の檻では大きなツノで破壊されてしまう。そのため、野生下におけるトリケラトプスの成体は、遠巻きに観察することはあっても捕獲することはない。人間の居住地域に入ってこないよう、

幼体はツノが未発達であるため、捕獲や飼育にさほど危険がありません。

パトロールして見張る程度である。

一方で、大型犬サイズ以下の幼体は、ツノが未発達で、近づいてもさほど危険はない（※4）。成体が幼体たちを保護したり、世話をしたりすることもない。

つまり幼体であれば、とくに危険をおかすことなく捕まえることができる。

そういうわけで、国際自然史保護連合（ＩＵＣＮＨ）の依頼を受けた専門家が、トリケラトプスの幼体の捕獲を進めている。許可のない捕獲や狩りに対しては、禁固刑以上の罰則が適用されることもある。

トリケラトプスの成体は単独行動をすることを常とするけれども、幼体たちは多いときで十数頭の群れをつくる（※5）。専門家は、よく訓練された狩猟犬を使って、大型トレーラーの上に用意した簡易檻に幼体の群れを追い込んで捕まえる。

その後、群れ単位で各国の動物園に輸送され、飼育と繁殖と研究がおこなわれている。

先日、飼育下における繁殖に成功して生まれた第二世代の幼体たちが、新たにＩＵＣＮＨからこの動物園に届けられた。それが、今、屋内展示室で遊んでいる群れだ。

屋外と屋内の展示はローテーション

トリケラトプスが本来生きていた場所は、温帯の森林地帯だ。イネ科をのぞく被子植物がしげる場所で、現代日本との気温の差はあまり大きくない。

そのため、よほど寒い日でなければ、日中は屋外に出っぱなしでも大丈夫だ。

成体のオスとメスと、幼体の群れ、それぞれが隔離されるように屋外展示と屋内展示が組まれている（※6）。

今日は屋外には成体のオスとメス、屋内に成体メスと幼体の群れがいる。明日はこれが逆になるというわけだ。

幼体はツノが発達してきたら、隔離する。この動物園では、非公開の隔離用の室内部屋が用意されているほか、近隣の動物園と連携し、幼体を引き取ってもらうことにしている。この動物園ではまだ繁殖の成功例はないけれども、繁殖した場合でも、同様の手配をすることになるだろう。

餌は、干し草を中心に栄養バランスを考えながら数十〜百キログラム以上を用意（※7）。これを朝食に少量、昼食におやつ程度、夕食に残りのすべてといった具合に分けて与えている。朝食はその日のローテーションに合わせて置き場を変え、各トリケラトプスは自分でその日の展示に歩いて移動する、という寸法だ。

屋内展示場の部屋と同じ広さの非公開サブパドックも屋外に1部屋用意されていて、寝室と放飼場の両方とが通路でつながっている。サブパドックは、トリケラトプスを一時的に屋外に出す必要が生じた際に用いる。また、放飼場で過ごした日は、寝る前にこのサブパドックに移動し、夕食後のおやつを食べている間に健康診断をおこなう（※8）。

放し飼いOKな
″ロシアの日本恐竜″

ニッポノサウルス

古生物監修
高崎竜司
トロント大学

「日本の恐竜」という意味の名前をもつニッポノサウルス。ただし、現在の日本には″出現″せず、もっぱらサハリンに現れる。

この動物園では、数頭が動物園の外縁に面した牧草地で放し飼いにされている。

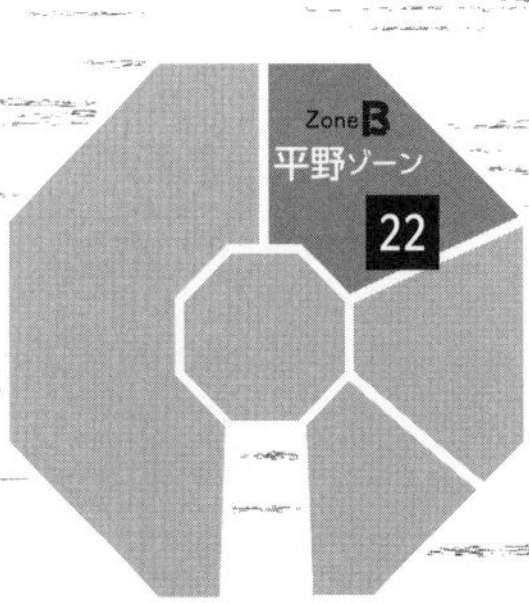

学名：*Nipponosaurus*
分類：恐竜類
本来の生息時代：中生代白亜紀
古生物保護条約カテゴリー「一」
広い放飼場で歩き回っています。ぜひ、望遠鏡を使って見てください。

ロシアからやってきた〝日本の恐竜〟

生物の学名にはさまざまな意味が込められている。

植物食恐竜「ニッポノサウルス」（※1）の名前は、「日本の恐竜」が語源となっている。

ただし「日本の」といっても、それは「かつて」の話。かつて日本領だった頃のサハリン（樺太）で、化石が発見されたのだ。その後、サハリンはソビエト（現在のロシア）領となったため、名前が「日本の恐竜」であっても、化石が出るのは現在の日本ではないというわけだ。数年前、オスとメス、2頭のニッポノサウルスがロシアから日本へやってきた。

昼は放飼場、夜は寝室に戻す

この動物園では、二重の柵の向こうに、サッカーフィールドの半分よりも少し広い放飼場が用意されている（※2）。この放飼場を四足歩行で歩く、とくに目立った武装や飾りのない恐竜を見かけたのなら、それがニッポノサウルスだ。

しっかりと観察したければ、専用の観察館へ。

ニッポノサウルス観察館には、望遠鏡を備えた展望台がある。放飼場に点在する落葉樹に設置されたカメラを通じて、ニッポノサウルスを探すことも可能だ。

朝と夕方には、ニッポノサウルスは放飼場に隣接する非公開の寝室に戻ってくる。近くで張っていれば、放飼場に出る瞬間か、帰ってくる瞬間のニッポノサウルスに会えるかもしれない。予定時刻は、観察館の掲示板とホームページで確認できるので、あらかじめチェックをしておくとよいだろう。

毎日通過する通路で健康診断

ニッポノサウルスは、朝になると格子に挟まれた通路を通って寝室から放飼場に向かい、夕方になると放飼場から同じ通路を通って帰ってくる。

現在、この動物園にはロシアからやってきた2頭のほかに、彼らの子である1頭の亜成体（メス）と2頭の幼体（ともにメス）が暮らしている。基本的には群れで行動しているので、夕方に戻ってくるときも5頭いっしょだ（※3）。

ただし、寝室と放飼場をつなぐ通路は幅が狭く、1頭ずつしか通れないようになっている。

そして1頭が入ったら、その前後を〝竜柵棒〟でふさぐ。

床には体重計が設置されており、簡単な健康診断や注射なども、この竜柵棒でふさがれた空間でおこなえる。

朝、ニッポノサウルスを放す前に、放飼場内に設けた3カ所の食事場所に餌を設置する。餌は、干し草を数キログラム〜数十キログラム用意。不足しないようにする。メインは夕食だけれども、朝に少量の根菜や果物、昼におやつ程度の果物を与える。なお、これらの餌とは別に、乾燥した牧草が必要だ。ニッポノサウルスは歯の成長が速いためか、しばしば口の中がむずがゆくなるらしい。そうしたむずがゆさを紛らわすために、好んでかたい牧草を喰む傾向にある。

寝室は成長にともなって増える

ニッポノサウルスは、幼体のうちは群れごと寝室で暮らし、亜成体になったら1頭1部屋となる。この動物園では、現在の飼育頭数分と予備を含め、合計7部屋の寝室がつくられている。

寝室の広さは、バスケットボールのコートよりもやや小さめといったところ（※4）。部屋同士は、70センチメートル間隔の鉄製の縦格子で仕切っている（※5）。


寝室の床には土が敷かれ、部屋の角には乾燥した牧草が置かれている。床暖房もばっちり完備。もちろん水飲み場もある。

竜柵棒でふさいだ場所で、体重測定などの簡単な健康チェックをおこないます。

尾の棍棒に注意!

アンキロサウルス

古生物監修
林 昭次
岡山理科大学

アンキロサウルスの飼育で気をつけなければならないのは、その「尾」。先端は、まるで棍棒のように膨らんでいる。

とくに成体のアンキロサウルスは、この尾を振り回すので、細心の注意が必要となる。

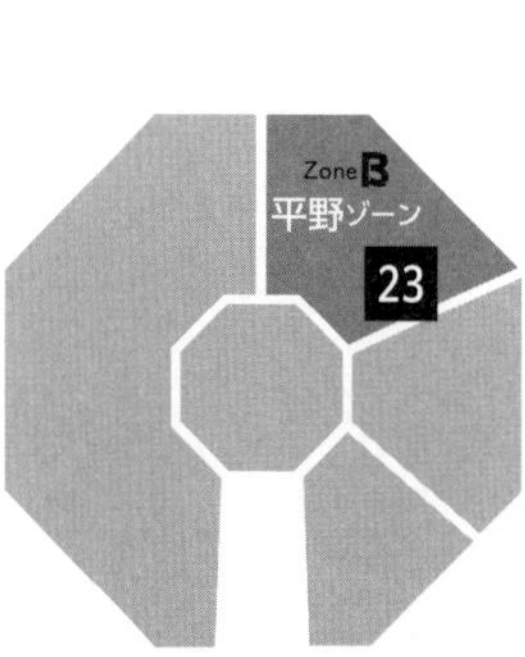

学名：*Ankylosaurus*
分類：恐竜類
本来の生息時代：中生代白亜紀
古生物保護条約カテゴリー「ー」

がっしりとした鉄柱を

全長8～10メートルほどにまで成長し、幅広の胴体、短い四肢、背には平たい骨片が並び、尾の先では骨が膨らんで棍棒のようになっている。鎧竜類の代表種、アンキロサウルスだ（※1）。

アンキロサウルスは比較的おとなしい植物食の恐竜で、とくに幼いうちは、唯一の武器である尾の棍棒も未発達（※2）。そのため、捕獲しやすいことで知られている。そっと後ろから近寄って抱き上げてしまえばいい。

ただし、それは幼体だけにいえること。

成長し、棍棒をもつようになったアンキロサウルスは、性格は大人しくても、ひとたび興奮させると手に負えない。

実際、古生物が“出現”するようになった当初は、こぞって幼体のアンキロサウルスを捕獲して、個人宅で飼育することもあった。しかし、成長したあとの世話に苦労することが知られ、今では率先して捕獲されることはなくなった。

現在、世界各地の動物園で飼育されているのは、まだアンキロサウルスの棍棒の怖さ（※3）が知られていない初期のころに捕獲され、そののちに飼育が困難とわかったために寄贈されたり、保護されたりしたものが多い。

この動物園では、バスケットボールのコート5面分の放飼場がアンキロサウルスのために用意されており（※4）、今日はそこに2頭のメスの成体が放たれている。観覧場所との間には幅3メートル、深さ2メートルの空堀がある。寝室やサブパドックへの通路と面しない場所には、1メートル間隔で高さ2メートルほどの鉄柱が並び、その間に太いワイヤーが数本渡されている。

この鉄柱は電信柱ほどの太さがあり、基礎もしっかりとつくられている。すべて1週間に1回は徹底的に調べられ、歪みや揺れなどがないか確認される。もちろん、アンキロサウルスの尾の棍棒対策だ。

鉄柱の外側には灌木の植栽があり、その先には来園者が立ち入らないように細い鉄柵が設置されている。

放飼場内の外周部に5カ所、放飼場内に3カ所、頑丈な階段を備えた2メートルほどの高台が用意されている。これは、飼育員用の待避所だ。

アンキロサウルスの尾は水平方向には動くが、上下方向にはほとんど曲がらない。そこで、危険を感じた飼育員は、

棍棒対策の鉄柱越しに、アンキロサウルスの姿を見ることができます。

この人工の高台に一時避難することになっている。

同世代はまとめて飼育

放飼場から油圧扉と通路、そしてもう一つの油圧扉を経てつながっているのは、バスケットボールのコートよりもやや狭い程度の寝室だ。それが8部屋。各部屋の境は、幅70センチメートルの間隔で、電信柱ほどの太さがある鉄柱で区切られている。床はコンクリート。

8部屋のうち1部屋は観覧通路に面し、屋内展示場を兼ねている。今日はそこに4頭の幼体がいる。通常、寝室は1頭につき1部屋が与えられているが、幼体に関しては、同世代の複数頭を1部屋で飼育することになっている（※5）。

放飼場と寝室をつなぐ通路は、油圧扉越しに屋外サブパドックにつながっている。このサブパドックは、寝室2部屋分の広さがあり、現在はオス1頭が放たれている。

通路はもう一部屋とつながっている。その部屋は、上から見て「凸」構造になっており、突出部分は〝普通の鉄格子〟だ。

突出部分に顔を入れると餌がもらえる。

そうトレーニングされたアンキロサウルスは、自分から顔を出して、採血などの健康診断を受ける。アンキロサウルスの尾は胴体よりも前に届かないので（※6）、獣医は安心して診察できるというわけだ。

幼体にはカルシウムを

1日に必要な食事量は、干し草を成体の場合で10キログラム以上（※7）。これを朝食に少量、昼におやつ程度、残りを夕食に分けて与えている。

また、寝室から出すタイミングで、イモ類などを直接手で口に入れる。噛む力はさほど強くないので、その点は安心できる（※8）。

アンキロサウルスは、幼いうちに自分の体内の骨を溶かして、背の鎧をつくる（※9）。そのため、背中の鎧が完成するまでの間は、餌にカルシウムを添加して、鎧の形成を促進させている。なお、カルシウムの添加は、繁殖期のメスにも同じようになされる。

背の鎧が完成したら、寝室も分ける。

繁殖に成功したら、卵は孵卵室へ。生まれた子は、各地の動物園の子と交換し、のちの近親交配を避けるようになっている。

凸部分に自分から顔を入れて、
健康チェックを受けます。

大きな帆と長い腕

ディノケイルス

古生物監修
久保田克博
兵庫県立人と自然の博物館

「世紀の謎」といわれていたのも今は昔。

背中についた大きな帆と長い腕が特徴的なこの恐竜は、今では多くの動物園で人気者だ。

2本の足でゆっくりと歩きまわる巨体は迫力十分。

大きさに注意を払う必要はあるけれども、比較的飼育しやすいといえるかもしれない。

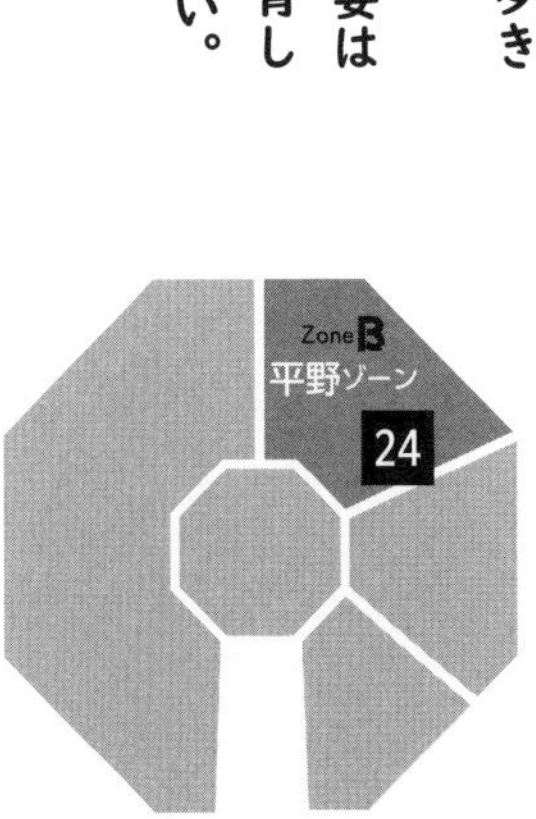

学名：*Deinocheirus*
分類：恐竜類
本来の生息時代：中生代白亜紀
古生物保護条約カテゴリー「C」

かつての「謎の恐竜」

その〝島〟の面積は、サッカーフィールド約3分の2面分（※1）。屋内施設へと続く1面を除いて、幅15メートルの池で囲まれている。

そんな〝島〟が二つ並んでいるエリアが、デイノケイルス（※2）の放飼場だ。

デイノケイルスは、全長11メートルというなかなかの大型種。ティラノサウルス（234ページ）やデイノニクス（84ページ）などと共に、「獣脚類」というグループに分類される恐竜だ。

でも、ティラノサウルスやデイノニクスとはちがって、肉食性ではない。主食は魚や植物などだ。

その特徴は、背中の大きな帆と長い腕。デイノケイルスが〝出現〟する前の20世紀には、この「長い腕」の化石だけが知られていた（※3）。当時の記録によれば、「20世紀最大の謎」とよばれることもあったらしい。その後、21世紀の初頭に残りの化石も発見され、今日知られる姿への復元にも成功した（※4）。

デイノケイルスのごく近縁種には、走り回ることを得意とする小型〜中型の恐竜もいる（※5）。しかし、デイノケイルス自身はさほど活動的ではなく、ゆっくりと歩くことが多い。

一方で、帆の役割などに関してはいまだ謎も多く、国際古生物保護条約では「教育的価値・研究的価値が高く、教育機関・研究機関における積極的な飼育と保全研究が求められる」という「カテゴリーC」に分類されている。捕獲は簡単ではないが、箱罠などに追い込んだのちに、軍の輸送用ヘリコプターなどを使って運搬される（※6）。

魚を使ったおやつタイム

この動物園で飼育されているデイノケイルスは、オス2頭とメス3頭の計5頭。オスは成体と亜成体（※7）が1頭ずつ。メスは成体2に対して亜成体1だ。このうち、オスとメスが1頭ずつ、三方を池に囲まれた〝島〟状の放飼場に放たれている。島と島の間には、遠隔操作で上下できる橋があり、必要に応じて両島をつなげることができる。

島の大部分には土が敷かれ、被子植物を中心とした植栽と水飲み場が随所にある。池の水深は、観覧場所の真下では8メートルに達するが、島の近くでは浅い。夏には、

屋内展示場では、スリット越しにデイノケイルスを
見ることができます。

浅瀬で水浴びをするデイノケイルスを見ることもできるだろう（※8）。

なお、「おやつタイム」になると、この池に魚が放たれる。魚はデイノケイルスにとって好物の一つ。ときには、水辺に飛び込んで捕まえ、食べることもある。

放飼場の一角に、小石置き場がある。デイノケイルスには歯がなく、こうした小石を自ら飲み込んで、餌と一緒に胃の中で擦り合わせることで消化を助けているのだ。

放飼場から屋内へつながる油圧扉は遠隔操作ができるようになっており、その先にはスクイズケージ。

スクイズケージは、幅が調節できる特殊な部屋だ。最大幅4メートルほど。基本的には通路の一部としてつくられているが、一面は格子状になっており、動かすことができる。床には体重計が設置されており、前後をリモコン操作できる丈夫な柵で封じることができる。ここで、日々の診察がおこなわれる。採血は尾から。なお、診察終了時に数尾の魚をもらえるので、今では5頭全員が率先してこの場で診察を受けるようになり、ケージのスクイズ機能はほとんど使っていない。

スクイズケージの先には、屋内展示場と寝室、予備のスペースであるサブパドックが用意されている。屋内展示場は、バスケットコート約3面分の広さで、高さは10メートルほど。床には土が敷かれ、水場と餌場が複数用意されている。4面を壁に囲まれているが、観覧場所側の壁には幅50センチメートル、高さ2メートルほどのスリットがあり、そこにアクリルガラスがはめこまれている。来園者は、このアクリルガラス越しにデイノケイルスを見るわけだ（※9）。そんな部屋が3部屋用意され、現在は、その部屋の一つでメスの1頭がうたた寝している。

寝室は屋内展示場の部屋とほぼ同サイズ。非公開なので、アクリルガラスのスリットはない。1面は飼育員が通る通路に面しており、ここだけは格子になっている。寝室は1頭ごとに1部屋ずつ。この動物園では、予備を含めて6部屋が用意されている。

サブパドックは非公開で、デイノケイルスの療養などに用いられる。ここにもアクリルガラスのスリットがないが、つくりは屋内展示場と同じだ。

大きさに注意して

デイノケイルスが率先して人を襲うことはないけれども、

なにしろ11メートルの巨体だ。体重も6トンに達する。そのため、遠隔操作のできる油圧扉を開閉することで部屋から部屋へ誘導する。

朝になったら、寝室から屋内展示場や放飼場へ移動させる。各エリアに餌が用意されているため、油圧扉を開ければデイノケイルスたちは自らその場所へ移る。

なお、メインの食事は、夜に寝室で食べる。干し草が20・9キログラムほど用意されている（※10）。

大きな頭の飛べない鳥

ガストルニス

古生物監修

田中公教
兵庫県立大学

どことなくダチョウを彷彿とさせながらも、ダチョウとはちがって大きな頭部をもつ。
力強い後ろ脚にも注目して、走るようすをしっかりと観察したい。

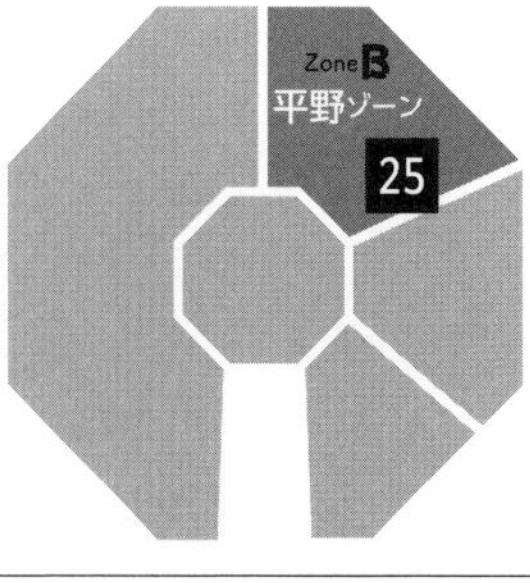

学名：*Gastornis*
分類：恐竜類
本来の生息時代：新生代古第三紀
古生物保護条約カテゴリー「ー」

気をつければ、怖くない？

ガストルニス（※1）は、体高2メートルの巨体に、大きなクチバシと、太くて長くて力強い後ろ脚をもつ「飛べない鳥」だ。

ガストルニスの放飼場は、小中学校の教室を四つ並べ、それをさらにひと回り広くしたくらいの面積（※2）。上から見ると正方形に近いスペースで、周囲は植栽で囲まれている。4面のうち1面は壁になっており、2面は2重に並んだ鉄柵越しに観覧できるようになっている。

残る1面は、アクリルガラスの観覧場所だ。鉄柵のある2面よりもより身近にガストルニスを見ることができる。放飼場内には土が敷かれ、さまざまな高さの植栽が並び、水飲み場が2カ所に設置されている。

そんな放飼場を、この動物園では4羽のガストルニスが歩いたり、走ったりしている。オスが1羽、メスが3羽。いずれも成体だ。

ガストルニスは活動的な鳥類で、どれか1羽が走ると、残りの3羽も追いかけるように走ることが多い。

このアクティブな鳥を捕獲・保護する際には、夕闇を待ち、後ろからそっと近づいて、黒い布袋を頭に被せるという方法がしばしばとられている。

後ろ脚はたしかに危険だし、大きいし、力強く走り回るので、怖い動物だと思われることもあるかもしれない。

でもガストルニスは植物食性なので、ヒトを積極的に襲うことはない。日に何度かある“おやつタイム”では、柵越しに飼育員が根菜などを与えている（※3）。

抱卵個体は寝室に移動させない

放飼場の壁の扉の先には、スクイズケージ。そしてその先に、寝室、サブパドック、隔離室が用意されている。

寝室は予備を含めて6部屋ある。1羽につき1部屋。広さは14畳程度。床自体はコンクリート製だけれども、ガストルニスが足を痛めないようにウッドチップが敷かれている。

寝室と寝室の境は格子になっており、ガストルニスたちが互いのようすを見ることができるようになっている。寝室と寝室を直接つなぐ扉もある。この扉は、飼育員が遠隔操作で開閉可能だ。

合計3部屋のサブパドックは、小中学校の教室1部屋分の広さ。療養中の個体などが入るほか、放飼場の群れと

当園では、4羽のガストルニスが仲良く暮らしています。

は別のオスが1羽飼育されている。

隔離室は寝室と同じ広さだけれども、屋外と屋内の2部屋で構成される。屋内隔離室は空調も温度も徹底管理。この部屋は、体調不良の個体などを入れる。

朝になると寝室からガストルニスを出して、夕方に寝室へ戻す。

寝室は日中に毎日掃除。糞尿で汚れたウッドチップを取り除き、減った分を補充する。1週間に1度はすべてのウッドチップを取り除き、床を水洗いだ。

餌は、根菜と葉物をメインに、りんごなどの果物、クルミなどのかための木の実、タンパク質としてソーセージ、鶏の首、ゆで卵などを用意する。飼育員の手から直接食べるように慣らすことで、投薬の際にも役立つ。

すべての個体には足環がつけられている。そこにつけられた色の組み合わせで個体が識別されている。

血統をコントロールするため、オスは放飼場に出すものと、サブパドックで飼育しているものが1年おきに交代される。

産卵期には、放飼場の屋根のある場所に土を盛り、ワラなどを置く。これを使ってガストルニスは巣をつくる。

巣づくりを始めた個体は、夜になっても寝室には戻さない。その場で産卵・抱卵させ、しかるべきタイミングで卵は偽卵と交換して孵卵器へ。

寒い季節に産卵した場合は、ヒーターなどを巣の近くに設置する（※4）。

古生物監修
木村由莉
国立科学博物館

ウマだけれども……？

エオヒップス

保護される古生物のなかには、現生種と同じグループに属する種類もいる。

エオヒップスは、そんな哺乳類の代表種だ。

国際自然史保護連合は、そうした動物を保護・飼育することで、進化に関する研究を進めるとともに、自然科学教育の促進を目指している。

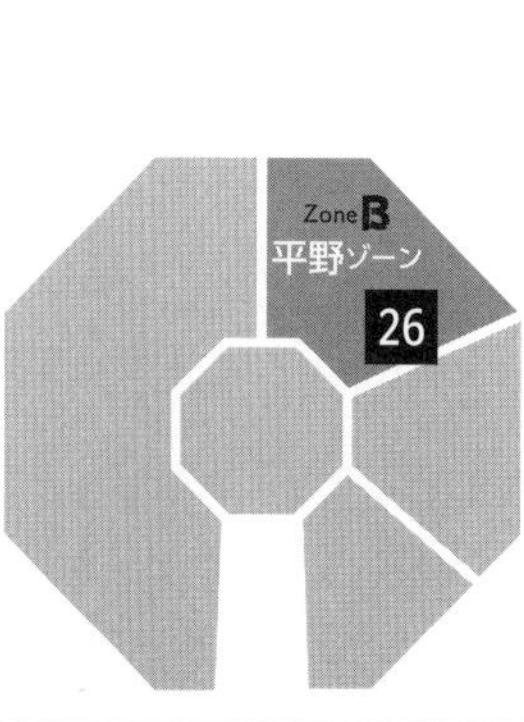

学名：*Eohippus*
分類：哺乳類
本来の生息時代：新生代古第三紀
古生物保護条約カテゴリー「C」

森林で暮らすウマ

国際自然史保護連合（IUCNH）は、現生種と同じグループの古生物の研究にも力を入れている。それは、まさしく「進化」を知るための〝生きる教材〟であるからだ。そうした古生物は、国際古生物保護条約によって、「教育的価値・研究的価値が高く、教育機関・研究機関における積極的な飼育と保全研究が求められる」として、「カテゴリーC」に認定され、毎年一定数の関連種が捕獲されて、加盟国の動物園に送られている。

北アメリカやヨーロッパに〝出現〟するエオヒップス（※1）は、まさにカテゴリーCの代表種。現生のウマ類は、見通しのきく草原に暮らしているが、ウマ類の最古参であるエオヒップスは森林で暮らしている。

古今のウマ類におけるちがいは、生息場所だけではない。まず、エオヒップスの大きさは、頭胴長50センチメートル、肩高40センチメートルほどと、現生ウマ類と比べるとかなり小型だ。そして、現生ウマ類の足の指は前後ともに1本しかないことに対し、エオヒップスの前足には4本、後ろ足には3本の指がある。

かつて、ウマ類は森林から草原に出て進化を遂げた（※2）ことで、体のサイズが大きくなった。足の指も減り、最も長い中指だけが残った。つまり、ウマ類は進化するにつれて〝1歩のリーチ〟が長くなり、草原をより効率的に、より速く駆け回ることができるようになったと考えられている。

その〝進化の原点〟を、エオヒップスに見ることができる。IUCNHは、ここに教育的価値を見出した。こうしてエオヒップスは、IUCNHの厳しい個体数調査のもと、くくり罠によって家族単位、もしくは単独で生活している若い個体が捕獲され、各国の研究・教育施設に送られている。

植栽は食べられることを前提に

この動物園では、5匹のエオヒップスが飼育されている。成獣のオスが1匹、メスが2匹、幼獣のメスが2匹だ。

エオヒップスの放飼場は、小中学校の教室をひと回り小さくしたくらいの広さ（※3）。外周は、幅2メートル、深さ1メートルほどの空堀で囲われ、その空堀の外側に、返し付きの高さ1メートルほどの鉄柵を設けている。

放飼場の奥には、コンクリートの壁を隠すように植栽を

樹木多めの放飼場は、エオヒップスの”本来の生息地”を模しています。

植えてある。ほかにも放飼場のそこかしこに数本の植栽がある。こちらは、日影をつくるためのものだけれども、もともと森林で生活していたエオヒップスにとっては、樹木が多い方が安心するという報告もある。

植栽は、アラカシやシラカシなど。いずれも、幹のまわりが高さ1メートルの格子柵で保護されている。柵を越えてのびてきた枝葉は、エオヒップスにとって貴重な〝おやつ〟となる。

放飼場内には、擬岩でできた小さな洞窟があり、雨除けとして使われている。また、複数カ所に水飲み場と餌場が設置されている。餌場に置かれる餌は、ルーサンなどのマメ科の干し草が中心だ。現生のウマ類にはイネ科の牧草を与えるけれども、原始的なウマ類であるエオヒップスの歯ではイネ科をすり潰すことができないので注意が必要である（※4）。

植栽に隠された壁には、大きな扉と小さな扉が一つずつ。大きな扉は、車両も通ることができるサイズ。必要に応じて、外部から仕切り柵などを運び込むことができるようになっている。

小さな扉はエオヒップス専用のもので、人が通ることができる程度の大きさだ。この扉の先にある通路は、非公開のサブ飼育場や寝室につながっている。

サブ飼育場は、放飼場とほぼ同じ大きさ、ほぼ同じつくりだ。療養個体を飼育する目的でつくられたが、ＩＵＣＮＨから要請があれば、エオヒップスの別群を一時的に飼育することができるようになっている。

サブ飼育場では、必要に応じて仕切り柵を設置することができる。これによって、個体単位で療養させることも可能となっている。

寝室は、12畳ほどの広い部屋が一つと、3畳ほどの小さな個室が三つ用意されている。基本的には、広い部屋で5匹すべてが寝起きをする（※5）。小さな部屋は療養用で、寝室から出入りできるようになっている。

隔離室は、3畳ほどの広さで2部屋用意されている。こちらは産室としての利用が想定されており、気温、湿度が管理されているほか、監視カメラも複数設置されている。

なお、産まれた幼獣は近親交配を防ぐために、ＩＵＣＮＨ指定の動物園に搬出されることになっている。比較的飼育しやすいエオヒップスは、古生物を専門としていなくても、ＩＵＣＮＨの認可を受ければ一般動物園や牧場などで

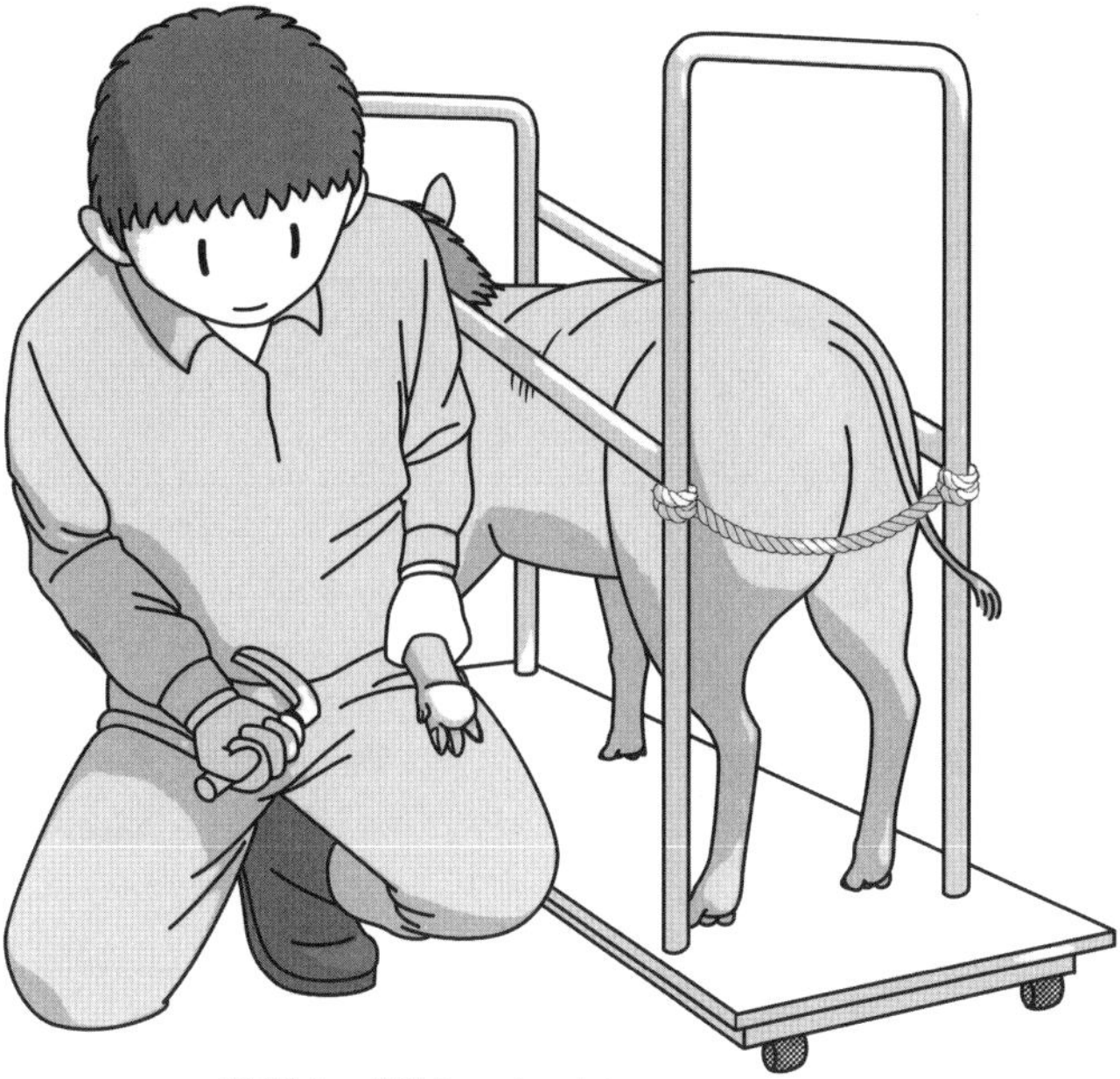

削蹄中。〝現生のウマ〟と比べると、蹄が小さいので楽です。ただし、ウマより数が多いです。

育てることが可能だ。ＩＵＣＮＨとしては、「身近なところにいる古生物」としてエオヒップスを多くの人に知ってもらうことで、進化教育の普及を狙っている。

飼育員に慣れさせる

朝に寝室から放飼場へ、夕方に放飼場から寝室へ移動させることが基本的な1日のサイクルだ。移動先に餌を置き、遠隔操作で扉を開ければエオヒップスたちは自発的に動く。

幸いエオヒップスはさほど危険な動物ではないので、同じ空間に飼育員が入っても大丈夫。むしろ、野菜や果物などをおやつとして与え、飼育員がよべばやってくるようにトレーニングしておけば、飼育も楽になる。日中でも飼育員が放飼場に入って掃除ができるし、エオヒップスがいないときに放飼場内に車で枠場（※6）と体重計を運び込んでおけば、健康診断や採血、削蹄をおこなうこともできる。こうした作業は、来園者にとっても〝飼育のリアル〟を見る場として、好評となっている。

穴掘り対策をしっかりと
ディイクトドン

かわいらしい！

そんな評判をもつディイクトドン。

しかし、飼育するとなると、なかなか〝やっかい〟。なにしろ、地面を掘って飼育エリアの外へ抜け出してしまうことがあるからだ。

その対策をしっかりと練る必要がある。

古生物監修
奥村よほ子
佐野市葛生化石館

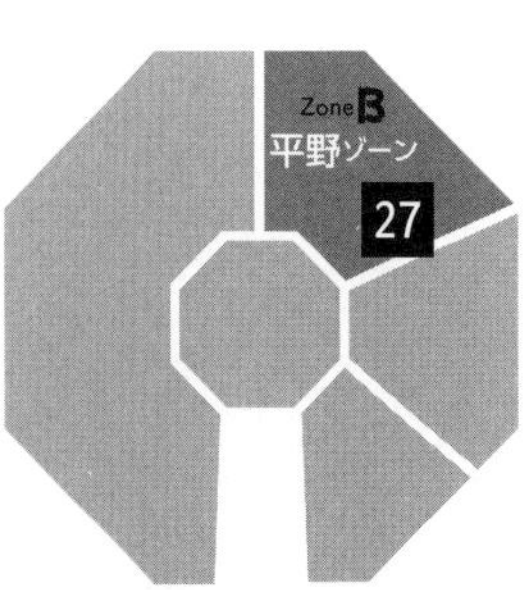

学名：*Diictodon*
分類：単弓類（〝獣弓類〟）
本来の生息時代：古生代ペルム紀
古生物保護条約カテゴリー「A」

家族で暮らす小型単弓類

小型犬とほぼ同じサイズの全長45センチメートル。寸詰まりの吻部、やや大きな眼、短めの四肢。さらには、家族数匹で連れ立ってよちよち歩くという、〝愛らしさ満載〟の動物。

ディイクトドンだ（※1）。

とくにファミリー層に人気を博している単弓類である。展示は、二つに分かれている。どちらも6畳ほどの広さ（※2）。一つは屋外で、もう一つは屋根付きの半屋内だ。夜になると、半屋内展示場の端に格子状のシャッターを降ろす仕様となっている。

穴を掘る生態に要注意

〝出現〟以降、野生のディイクトドンは、南アフリカの荒野に生息し、基本的には家族単位で行動している（※3）。

よちよちと歩く姿を見ると、たやすく捕まえられると思えるかもしれない。しかし、実際に捕まえようとすると、瞬間的に素早く動き、逃げていってしまう（※4）。

……しかし、じつはディイクトドンの捕獲は簡単であることが、近年になって明らかになった。彼らは、夜になると巣穴に帰るのだ（※5）。その巣穴の入り口で早朝に待ちかまえているだけでいいのである。

その愛らしい風貌と飼育のしやすさから、〝出現〟当初は、富裕層のペットとして人気があった。捕獲が容易であることがわかると、商業目的の捕獲が横行し、野生個体が激減するという事態に。そこで、国際自然史保護連合（ＩＵＣＮＨ）は、国際古生物保護条約でディイクトドンを「カテゴリーＡ」に指定した。「密猟の危険などにさらされており、至急の保護が必要である」だ。ディイクトドンの商業目的の取引を禁じ、すでにペットとして飼育している一般家庭には、飼育が難しくなった場合や、子が生まれた際には、ＩＵＣＮＨ指定の動物園に届けるように促している。

一般家庭で飼育する場合も、動物園で飼育する場合も、厄介なのは、「巣穴を掘る」という習性だ。一般家庭の場合、屋外で飼育すると庭が穴だらけになることがよくある。

この動物園のように、ＩＵＣＮＨ指定の飼育施設では、屋外展示場の外周に、地中深くまで格子状の柵が埋められている。深さは1メートル。さらにその柵の外側に

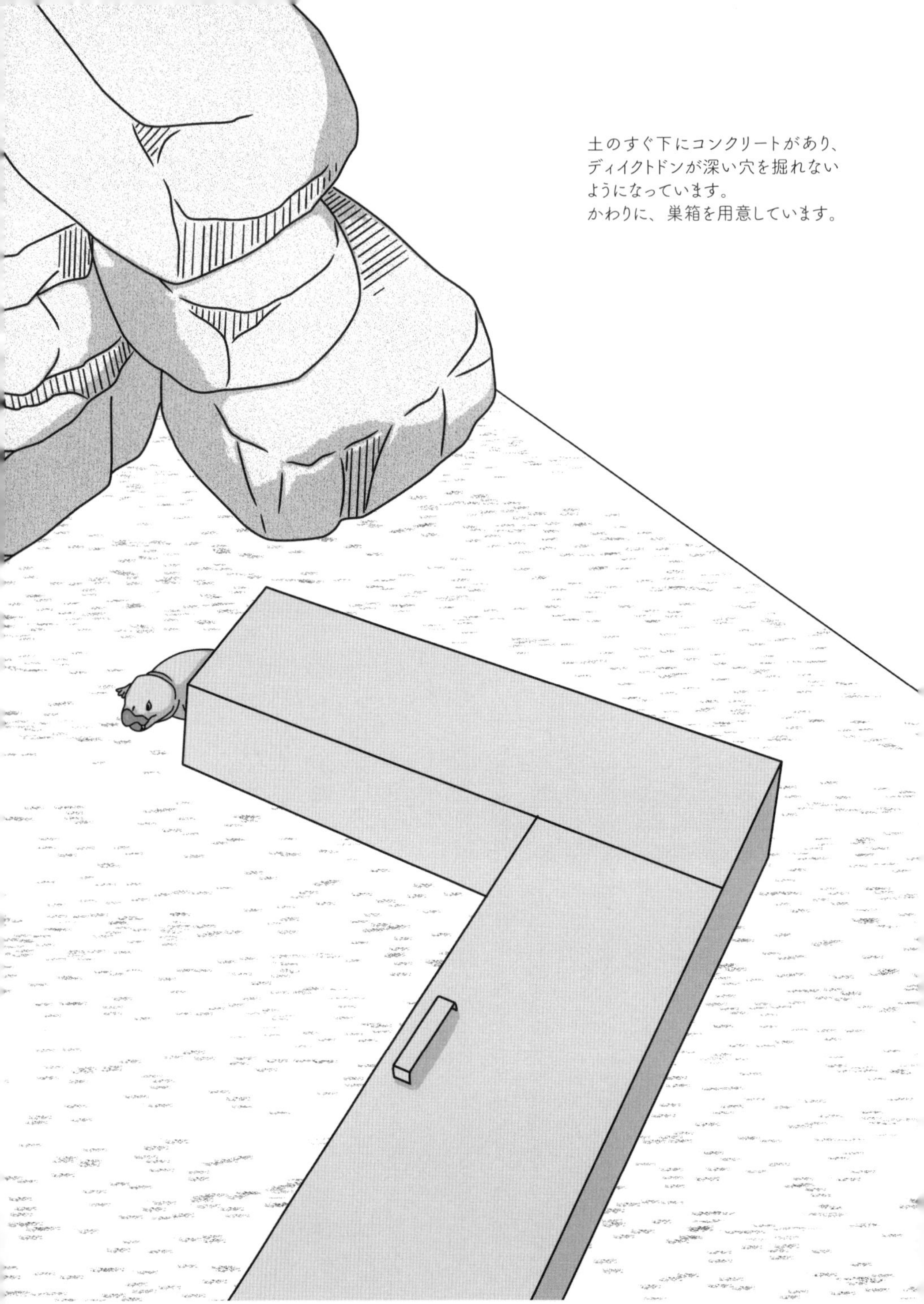

土のすぐ下にコンクリートがあり、
ディイクトドンが深い穴を掘れない
ようになっています。
かわりに、巣箱を用意しています。

は、深さ1・5メートルのコンクリート製の空堀を用意。そして、屋外展示場に穴掘りの痕跡が確認されたら、夜になってディイクトドンが半屋内展示場にいるうちに穴を埋め戻す。〝続き〟を掘らせないためである。

半屋内展示場は、屋外と同じように土が露出しているように見える。しかし、その土の下はすぐコンクリート。さすがのディイクトドンもコンクリートを掘ることはできない。

掘ることができない巣穴のかわりに設置されているのは、細長い木箱だ。入り口が小さく、奥ほど広くなっている。その巣箱は、必要に応じて天井を取り外すことができるようになっている。

観覧場所は、屋外展示場側に1カ所、半屋内展示場側に1カ所用意されている。やや低い位置から、格子状の柵越しに観覧することができるし、飼育員の判断で、格子越しの餌やり体験をすることもできる（※6）。

屋外、半屋内の両展示場に、餌台と水飲み場を用意。バッテリーで動く遠赤外線のライトや送風機を置く場所もある。加えて、屋外展示場には大きめの擬岩も配置して日陰がつくられている。

別家族のための部屋を

近親交配を防ぐため、幼体は性成熟を迎える前に家族と離されて、ほかの動物園に送られる。そうして、つがいができると、展示に備えての準備が始まる。

展示の準備は、非公開の飼育場でおこなわれる。その飼育場は、屋外・半屋内展示場と同じ広さで、外周には植栽が植えられており、来園者が中を見ることはできない。

こうした非公開の飼育場が、この動物園には3カ所用意されている。このうちの2カ所は、展示されていない別家族を飼育するための空間。残りの1カ所は、体調不良の個体などを一時的に療養させるための場所だ。

本格的に療養が必要となった個体のために、1畳半ほどの非公開の隔離室も3部屋用意。こちらは気温や湿度を制御できる完全屋内施設で、日光を取り入れるための天窓があり、床は掃除しやすいコンクリートだ。

巣箱利用を促しながらの飼育

餌は、屋外展示場に干し草がいつでも食べられるように置いてあるが、基本的に半屋内展示場で夕方になったら与える。動物園などではよく使われるソルゴーなどのかための青草やササなどをメインとして、ときには野菜類も用意。とくに、根菜系を好む個体が多いとされる。

家族全員が餌を食べに戻ってきたら、屋外展示場との間に格子状のシャッターを降ろし、部屋を分ける。

その後、誰もいなくなった屋外展示場では、穴の埋め戻しをおこなうほか、糞や餌の食べ残しを掃除する。

一方、半屋内展示場では2週に一度、体重計を持ち込んで、体重測定と健康診断をおこなう。

巣箱の掃除は日中、家族全員が屋外展示場にいるときに。巣箱の天井の板を外し、掃除をするとともに、寝ワラを入れ替える。

日中になっても、巣箱から出てこない個体がいるとしたら、中で産卵しているかもしれない（※7）。この場合、そっと天板をはずし、状況をチェックする。とくに必要性を感じなければ、子育ては親に任せて大丈夫だ。

古生物監修
奥村よほ子
佐野市葛生化石館

ゴリゴリ!

モスコプス

頑丈な頭骨をもつことで知られる単弓類。日常的にゴリゴリと頭で押し合う彼らは、あごの力が強い。

体のサイズも大きいため、飼育に際しても同じ空間に立ち入らないなどの注意が必要となる。

学名：*Moschops*
分類：単弓類（″獣弓類″）
本来の生息時代：古生代ペルム紀
古生物保護条約カテゴリー「一」
半陸半水棲の彼らは、プールでよく泳いでいます。

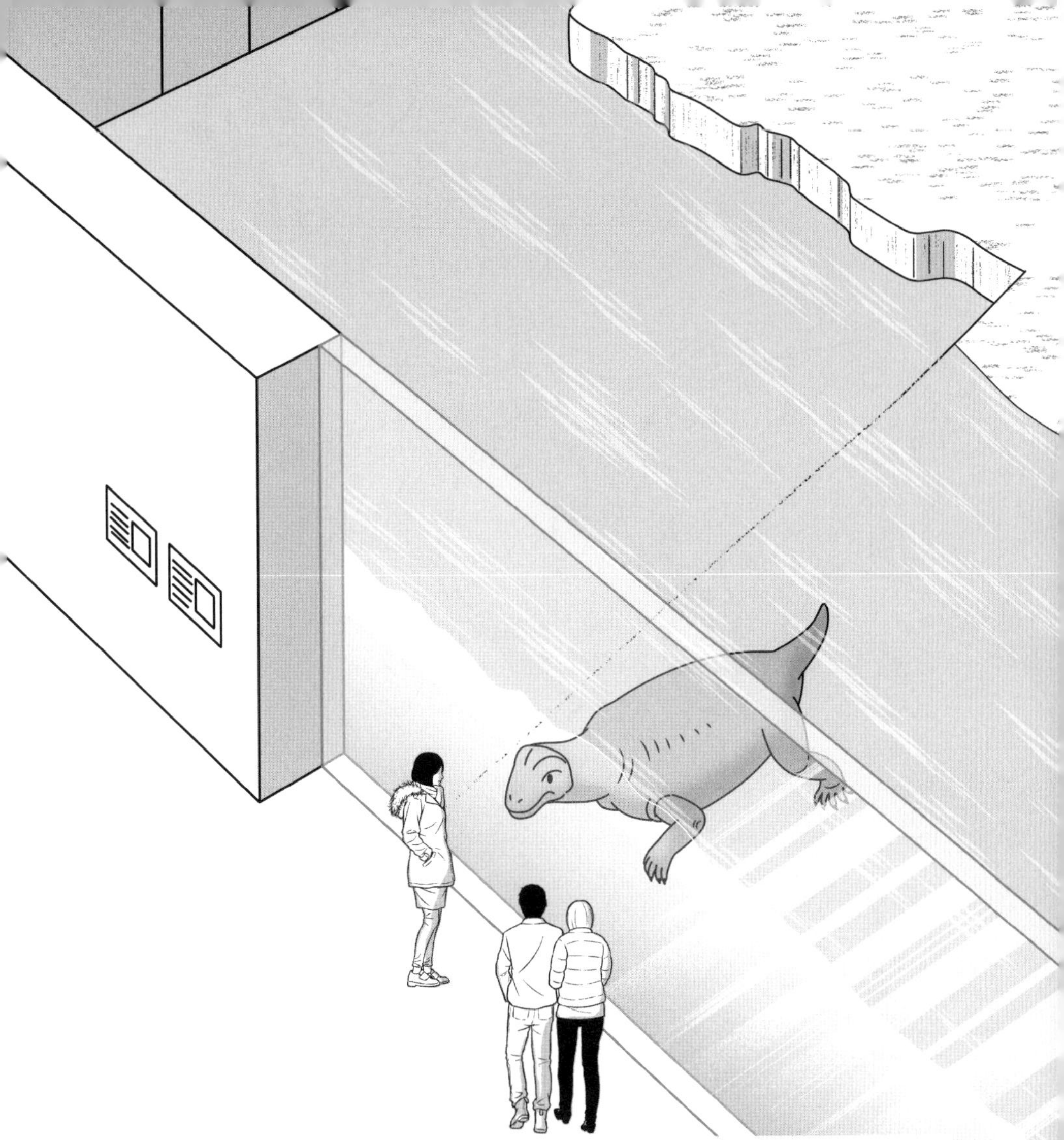

どっしり型に対応

全長3メートル。分厚い頭骨とどっしりとした体格、頑丈な四肢をもつ単弓類。モスコプスだ（※1）。

植物食性で、とくに荒い気性をしているわけではない。しかし、あごの力が強く、歯も丈夫だ。そんな彼らの飼育に、油断は禁物である。

この動物園におけるモスコプスの放飼場は、バレーボールコート2面分の陸域と、その3分の1ほどの広さのあるプールで構成されている（※2）。

陸域には土が敷かれ、日陰をつくるための植栽を来園者の視線をさえぎらないように配置。そして、この植栽の葉

を食べられないように、周囲の1メートルは太い鉄柵で囲んでいる。

プールは陸域から離れるほど少しずつ深くなり、最大水深は2メートルほど。その端から放飼場を回り込むように、返しの付いた幅5メートルの水路がのびる。来園者は、この水路の外側から見学する。

プールの水は循環式で、さらに温度調整も可能となっている。夏場の暑い日にはよく冷えた水が流れ、冬場の寒い日には温水が流れる。

放飼場の観覧場所は、もう1カ所。外周の一角につくられたスロープを降りた先にある。そこでは、アクリルガラス越しにプールのようすを見ることができる。

モスコプスは、半陸半水棲だ（※3）。ただし、泳ぎが達者というわけではない。実際、野生個体を捕獲する際には、水中に追い込んで動きが鈍くなったところを狙う。

この動物園では、オス1頭、メス2頭のモスコプスが暮らしている。

寝室は冬眠仕様

屋内展示場は、放飼場から扉でつながっている。

3面を壁で囲まれた空間で、バドミントンのコート1面分の陸域と、その半分ほどの面積のプールが用意されている。放飼場のミニチュア版だ。ただし、植栽はない。床はコンクリートで、一部に人工芝が敷かれている。日によって、放飼場の1頭をこの部屋に入れて展示する。

放飼場と屋内展示場の両方から通路でつながる非公開の寝室は、バレーボールコート半分ほどの広さのコンクリートの床と、その半分ほどの広さのプールで構成されている個室だ。

その個室が6部屋並んでいる。各部屋の境は、格子で区切られているが、普段はその格子の外側に分厚い鉄製の壁がある。遠隔操作で壁を収納することで、格子越しに2部屋がつながる。お見合い仕様である。

これらの部屋は天窓で自然光を取り入れることが可能。そして、部屋ごとに気温コントロールのできる冷暖房完備の仕様となっている。

ちなみにモスコプスは、冬季になると冬眠する習性がある（※4）。そこで、冬季になると、メス2頭のうちの1頭とオス1頭は、外気と同様に室温の下げられた寝室で眠りにつく。残りのメス1頭が、温められた屋内展示場で展示される。なお、モスコプスを雌雄ペアで冬眠させるのは、繁殖に冬眠が関係している可能性があるためである。

ゴリゴリは繁殖の合図？

朝になると、モスコプスたちは寝室から放飼場や屋内展示場へ移され、夕方になると寝室に戻される。遠隔操作のできる扉と事前に配置した餌で誘導し、基本的に飼育員は同じ空間に入らない。

餌は、マメ科の草が中心。朝、昼、夕の3回与える。このうち、寝室で与える夕食を最も多くすることで、夕方の移動を自発的におこなうようにしている。

オスとメスがゴリゴリと頭部をつきあわせるようにしていたら、それは繁殖のサインの可能性がある（※5）。繁殖に無事成功し、子が生まれたら、ほかの動物園に移動されるまでの間は、非公開の寝室を1部屋使って多頭飼いされる。

Zone C ふれあい広場

古生物に触ってみたい？　そんなみなさんには、「ふれあい広場」がおすすめです。エウロパサウルスやプシッタコサウルス、ファルコーネリゾウがあなたを待っています。餌やり体験も可能ですが、必ずスタッフの指示に従って与えてください。古生物たちの健康の維持のためにも、みなさんの協力が必要です。

29 エウロパサウルス
30 プシッタコサウルス
31 ファルコーネリゾウ

ふれあい広場で出会う″巨大恐竜の仲間″

エウロパサウルス

古生物監修
林 昭次
岡山理科大学

動物園の人気のコーナーの一つとして、日常ではなかなか出会うことのできない動物たちに直接触れたり、餌をあげたりできる「ふれあい広場」がある。

この動物園では、定番中の定番ともいえる″巨大恐竜の仲間″と触れ合うことができる。順番待ちができるほどの盛況ぶりだ。

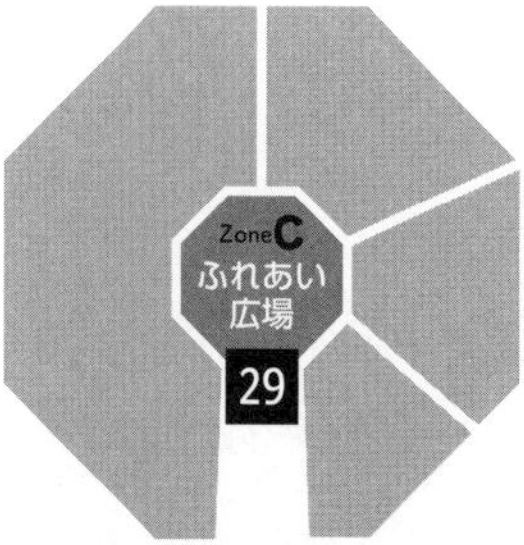

学名：*Europasaurus*
分類：恐竜類
本来の生息時代：中生代ジュラ紀
古生物保護条約カテゴリー「一」
イヌと比べるとサイズ感がわかりますね。

竜脚類に「餌やり体験」

この動物園で、行列ができるコーナーの一つが「ふれあい広場」だ。なにしろ、動物に触ることができるし、餌を与えることもできる。

とくに人気があるのがここ、「竜脚類のコーナー」だ。

このコーナーの主役であるエウロパサウルス（※1）は、「巨大恐竜」で知られるマメンチサウルス（122ページ）と同じ竜脚類の1種。小さな頭に長い首、どっしりとした胴体に柱のような四肢、そして長い尾のもち主だ。

ただし、この2種は、サイズが大きくちがう。全長26メートルほどのマメンチサウルスに対して、エウロパサウルスの全長は6メートルほどしかない（※2）。いわゆる「身長」（頭の高さ）でいえば、2～3メートルといったところ。肩の高さは、ヒトとさして変わらない。

ふれあい広場の外周をぐるりと囲むのは、寝室と隔離室。その間にある通路を通って中に進めば、直径100メートルほどの円形広場がある。

円形広場は、幅3メートルほどの通路で4分割されている。来園者は、思い思いの個体を見つけ、広場の入り口で購入できる専用の餌（※3）を与えたり、首や頭をなでたりできる。

最も身近な竜脚類？

エウロパサウルスは、名前が示す通りヨーロッパに〝出現〟する（※4）。

……とはいえ、サイズがサイズなのでさほど人類の驚異になっておらず、飼育しやすい恐竜類として知られている。現地では世代の混ざった小規模な群れをつくって行動しているが（※5）、牧羊犬ならぬ〝牧竜犬〟による管理をすることが可能なため、出現が確認されるたびに現地の牧場に確保されている。

恐竜類であるエウロパサウルスからは、体毛も乳もとることはできないけれど、「恐竜類を飼いたい」という要望は世界中からある。現地の牧場は、世界各地から要望を受けて、エウロパサウルスのさまざまな世代の個体を販売している。

日本でも、いくつかの自治体や個人が運営する牧場で購入している例があるので、動物園以外でもエウロパサウルスを見たことがある人もいるかもしれない。

ふれあい広場には、
日替わりでエウロパサ
ウルスの別の個体が
登場します。

 Zone C **ふれあい広場**
エウロパサウルス

餌の種類を工夫する

この動物園にいるエウロパサウルスは、幼体のときに輸入されたものと、個人の牧場から寄付された成体がいる。その数は合計20頭。

4分割された「竜脚類のコーナー」では、この20頭をオスとメスに分け、さらに「輸入組」と「寄付組」に分けて飼育している。

通路と飼育エリアを隔てているのは、等間隔に並んだ鉄柱にワイヤーを渡した柵。この鉄柱は2トン程度の負荷に耐えられる仕様で、高さは1・5メートルほど。通路側には背の低い灌木の植栽がある。通路には高く土が盛られている場所がいくつかあり、そうした場所から、来園者は灌木と柵越しにエウロパサウルスと触れ合う。

飼育エリアの足元には土が敷かれ、それぞれのエリアに水飲み場と、エリア内で作業する飼育員が万が一のときに退避する部屋がある。

ふれあい広場の外周に並び、壁の役割も果たしているのは寝室と隔離室。

それぞれが教室三つほどの広さで5部屋ずつあり、交互に並ぶ。高さ5メートルほどの天井は、覆いのできるガラス張り。季節と天気によって、太陽光が入る量を調整できる。

各部屋は格子で仕切られており、その格子には必要に応じてエウロパサウルスが行き来できる扉が付いている。ちなみに飼育員は、扉を使わなくても格子の隙間を通って移動ができる。

寝室の床はコンクリート。その上にワラが敷かれている。暖房と頭数分の餌入れ、水飲み場も設置されている。

隔離室は格子ではなく、壁で囲まれた部屋だ。より厳密に空調と温度を管理できるようになっている。この部屋には、基本的に体調不良の個体を隔離する。隔離室の出入り口は、ふれあい広場側に一つと、左右の寝室に向けて一つずつ。エウロパサウルスは、この出入り口を通じて、広場側、あるいは、両隣の寝室から移動する。

寝室と隔離室の外周は、飼育員用の通路だ。各寝室と隔離室、ふれあい広場を結ぶすべての扉は、通路から操作できる油圧扉となっている。

昼間はふれあい広場に来た来園者から餌をもらうので、飼育員が与える食事は、基本的に夕食のみ。このときは、干し草を中心に4・2キログラムほど与える（※6）。

一方、ふれあい広場の売店で販売されている専用の餌は野菜だ。エウロパサウルスにとってはごちそうなので、積極的に来園者に近寄ってくるというわけだ。

なお、雨天時や冬の寒い日は、広場は開放されない。その場合は、ふれあい広場へつながる通路に面した寝室の一部が、柵越しに通路側に開放されている。この寝室にいる個体は、ここからも餌やりができる。各寝室は床暖房完備。広場が開放されていないときは、餌やりが可能な寝室を交互に使うようになっている。

古生物監修
千葉謙太郎
岡山理科大学

ふれあい広場で出会う
〝ツノのない角竜類〟

プシッタコサウルス

ツノをもたない角竜類の一つ、プシッタコサウルス。小型で危険性の低いこの恐竜とは、「ふれあい広場」で会うことができる。

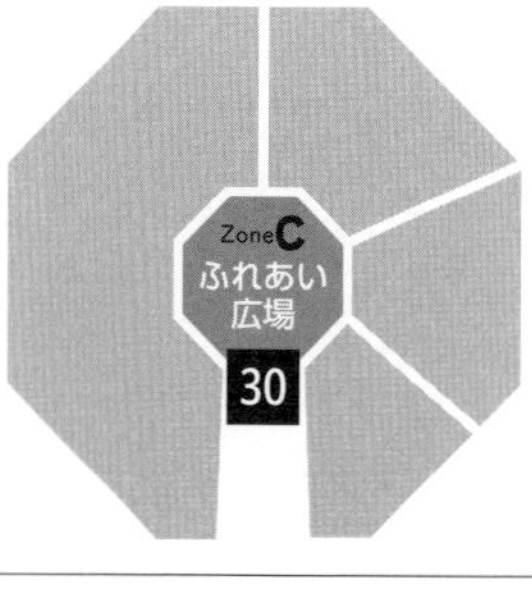

学名：*Psittacosaurus*
分類：恐竜類
本来の生息時代：中生代白亜紀
古生物保護条約カテゴリー「一」

幼い角竜とふれあいたい

〝角竜類ファン〟は、ふれあい広場の「角竜類のコーナー」へ。幅2メートルほどの通路を挟んだその先には、バレーボールコート2面分よりもやや大きな面積のスペースが二つ（※1）。それぞれフェンスで囲まれている。

ここは、角竜類のプシッタコサウルス（※2）と実際にふれあうことができる場所だ。

プシッタコサウルスは、全長1・5メートルほどの恐竜。「角竜類」とはいっても、128ページで紹介したトリケラトプスのような大きなツノはもっていない。全体的にスリムな体つき。サイズは大型犬以上あるけれども、体重は15キログラムと中型犬ほどしかない。

フェンスで囲まれたエリアの一方には、成体が10頭、もう一方には亜成体が4頭飼育されている。

成体のコーナーでは、フェンス越しに餌を与えることができる。コーナーの入り口で専用の野菜スティックを購入するのだ。餌の販売数には限りがあるので、売り切れになることもしばしば。

なお、プシッタコサウルスたちは、ふれあい広場でもらう餌とは別に、メインの食事として干し草も食べる。1日に数キログラム用意し、体重を見ながら量を調節する（※3）。夕方、寝室への誘導を兼ねて与えられる。

亜成体のコーナーは、来園者も中へ入ることができるようになっている。亜成体の多くは、小型犬より少し大きい程度のサイズだ。そんな小さな角竜類たちがわしゃわしゃとフェンスの中を駆け回っている。子どもから大人まで人気のあるコーナーだ。

二重扉の先に、コーナーを横断する形で幅2メートルほどの通路が設けられている。「通路」とはいっても、人間の行き来をさえぎるためのもので、通路の柵の下部50センチメートルほどは開放され、亜成体はそこを潜って広場全体を自由に行き来する。

来園者は、自分が通路の外に出ることはできないが、この通路付近にやってきた、あるいは通路にいる亜成体に対して、自由にふれあいができる。

なお、亜成体の食事量は管理が厳しいため、来園者が餌を与えるようにはなっていない。

亜成体のいるコーナーは、
フェンスの中に入ってふれ
あうことができます。

剛毛メンテ

ふれあい広場の奥にはプシッタコサウルス用の通路があり、その先に6畳ほどの広さの寝室が、成体と亜成体用でそれぞれ12部屋並んでいる。

成体は1頭1部屋を占有しているが、亜成体は4頭で1部屋を使う。さらに広場に出していない幼体6頭が寝室1部屋で飼育されている。余った部屋は、予備で確保されている。

野生であっても、網や簡単な罠で容易に捕まえることができるのが、プシッタコサウルスという恐竜だ。小型であり、そこそこの知能もあることからしつけがしやすい（※4）。

それぞれの寝室は、仕切り板によってさらに分割することも可能になっている。床はコンクリート。冬場はワラが敷かれる。どの寝室にも水飲み場と餌入れが設置されている。成体用の寝室の半数には、産卵しやすいように土が盛られていて、繁殖期のメスはこの部屋に入る。

寝室の一面にも観覧用の屋内通路がある。この通路は常時開放ではなく、寒かったり、天気が悪かったりして、ふれあい広場が開放できないときに日と時間を決めて開放さ尾の剛毛を切るときは、注意をひきつける係と、切る係の2人１組でやることになっています。

れている。

屋内通路でも、来園者はフェンス越しにプシッタコサウルスとふれあうことができる仕様となっている。なお、幼体とふれあうことは、この通路からしかできない。

広場と寝室をつなぐ非公開の通路もあり、その先は非公開の隔離室につながっている。空調が整備され、気温も湿度もコントロールされている。隔離室は、合計4部屋ある。

プシッタコサウルスは、成長すると尾に剛毛が並ぶ。この剛毛は刺さると痛いので、飼育の際は定期的に切ってやるのがよい。

ふれあい広場で〝ゾウ〟に餌やり

ファルコーネリゾウ

古生物監修
北川博道
日本長鼻類化石研究所

ゾウといえば、「巨獣」の代名詞。しかし、何にでも例外はつきもので、小学生よりも小さなゾウ類もいる。
ふれあい広場で出会うこのゾウは、岩場を好む小型種だ。ストレスを感じすぎないようにしながら、種の保全という意味で、餌の量にも気を配る必要がある。

学名：*Palaeoloxodon falconeri*
分類：哺乳類
本来の生息時代：新生代第四紀
古生物保護条約カテゴリー「ー」
ゾウですが、森林やサバンナなどではなく、岩場が好きです。

Zone C ふれあい広場
ファルコーネリゾウ

崖の上のゾウ

擬岩でできた小さな山が目印の「長鼻類コーナー」。

真上から見ると扇の形をしているこの広場は、バレーボールのコート5面分の広さがある（※1）。

小山の高さは5メートルほど。「小山」とはいっても、実際には石灰岩の崖（※2）を模してつくられている。ただし、擬岩がほどよく配置され、適度な足場となり、上り下りに支障はない。

〝山頂付近〟と〝ふもと〟にそれぞれ高さ1・2メートルほどの柵がある（※3）。来園者はその柵越しに、小山の上と下でゾウとふれあうことができる。

ゾウはゾウでも、このゾウの名前は「パレオロクソドン・ファルコーネリ」（※4）。「ファルコーネリゾウ」のよび名で知られている小さなゾウだ。成長しても、肩の高さが80センチメートルほどにしかならない。

このコーナーは、滝と柵によって3対1の割合に分割されている。広い方では3頭のメスの成獣と1頭のメスの幼獣が、狭い方では1頭のオスの成獣が暮らす（※5）。

水飲み場は、崖の頂上付近とふもとにそれぞれ設置。ふもとや崖の途中には、日陰用の植栽も用意している。

また、冬場の寒さ対策として、崖の一部から温風が出るようになっている。

ゾウ類はストレスを感じやすい傾向があるため、餌やり体験ができる来園者数は限定される。この動物園では、インターネットによる事前予約制を採用。前日のファルコーネリゾウの体調をみながら1日数組まで体験できる。餌は、小松菜、キュウリ、白菜の芯などをスティック状にしたものだ。

カロリーのとりすぎに注意

夜になると、広場のファルコーネリゾウは、寝室に移動する。

広場の左右それぞれに屋内施設へと続く通路があり、その先に寝室と隔離室がある。なお、寝室は小山の地下を中心に配置されている。

寝室は8畳半ほどの広さのものが6部屋並び、1頭に1部屋が割り当てられる。ただし、部屋と部屋の仕切りは、幅1メートル程度の格子で、幼獣は自由に行き来ができる。

また、仕切りには遠隔操作で開閉できる扉があり、必要に応じて成獣も行き来ができるつくりだ。全室一斉に空調管理ができるようになっている。

隔離室は、屋内に2部屋、屋外に1部屋を用意。広さは寝室と同程度だけれども、こちらは完全に壁で仕切られている。屋内の2部屋は、それぞれ独立した空調管理がなされる。

来園者の餌やり体験なども含めて、カロリー管理にはとくに細心の注意が払われている。なにしろ、ファルコーネリゾウの特徴は「小型であること」。しかし、ハイカロリーの餌をやりすぎると世代を経るにつれて大型化し、種としての特徴を失ってしまう可能性がある。

そのため、国際自然史保護連合（ＩＵＣＮＨ）は、野生のファルコーネリゾウを保護し、指定動物園には種として「小型」を維持するように求めている。

その一環として、この動物園では寝室で与える餌も、ヘルシーな干し草とごくわずかな根菜だけにしている。

また、使用されていない寝室を使って日常的にトレーニングや柵越しの採血、足裏のチェック、体重測定などをおこなう。

なお、オスは数年に1度、近隣で同じようにファルコーネリゾウを飼育している動物園と交換され、血統の偏りを防いでいる。

Zone D

ゾウの進化 & 肉食ゾーン

いわゆる「ゾウの仲間」の多くに出会うことができます（ほかのゾーンで飼育されているゾウもいます）。日本を代表する古生物の一つ、ナウマンゾウはこちらです。「進化」をテーマにしている、学習要素の高いゾーンでもあります。そして、ティラノサウルスやサーベルタイガーなど迫力がある肉食動物に出会えるのもこのゾーンです。怖い生き物が苦手な方は、ご注意ください。

32 メリテリウム
33 マムート・ボルサニ
34 ナウマンゾウ
35 アロサウルス
36 イノストランケヴィア
37 アンドリューサルクス
38 スミロドン
39 ティラノサウルス

メリテリウム

胴長短足の長鼻類

古生物監修
北川博道
日本長鼻類化石研究所

現生のゾウたちのほかに、ケナガマンモスやナウマンゾウ、マムートなどを含む「長鼻類」。彼らは、「巨大哺乳類」の代名詞だ。

そんな長鼻類も、原始的な種はけっして大きくなかった。肩の高さがわずか60センチのメリテリウムはその代表種。長鼻類としては珍しく、水中生活を好む。

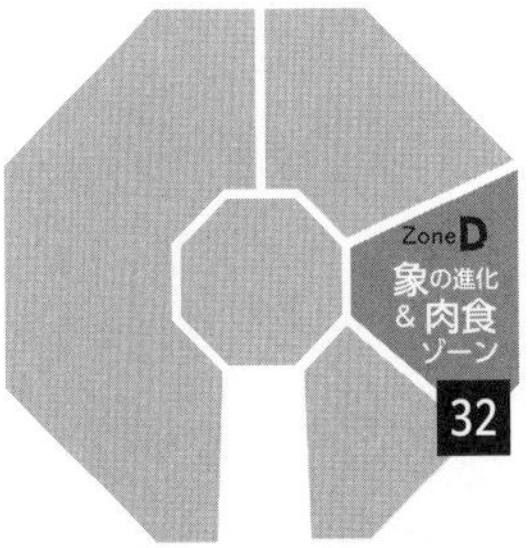

学名：*Moeritherium*
分類：哺乳類
本来の生息時代：新生代古第三紀
古生物保護条約カテゴリー「一」

プールが必要な長鼻類

バレーボールコートの3分の2ほどの放飼場が用意されている（※1）。その手前半分ほどは、最大水深2メートルのプールだ。このプールは、奥にいくほど浅い。そして、奥の半分は砂の敷かれた陸地となっている。

この放飼場では、4頭のメリテリウム（※2）が飼育されている。成体のオスが1頭、成体のメスが2頭、幼体のメスが1頭だ。

メリテリウムは、「モエリテリウム」ともよばれる。頭胴長2メートル、肩高60センチメートルほどのこの哺乳類は、「長鼻類」に属している。でも、鼻はまったく長くない（※3）。長鼻類のなかでは原始的な存在である（※4）。現在のところ、メリテリウムは国際古生物保護条約の指定対象外だ。しかし、長鼻類の進化を考えるうえで重要な種類であり、国際自然史保護連合（IUCNH）では「カテゴリーC：教育的価値・研究的価値が高く、教育機関・研究機関における積極的な飼育と保全研究が求められる」に指定すべきではないか、という議論が進められている。

現生種も古生物も、長鼻類の大半は陸棲だ。水に入ることはあっても、生活の主体は陸地である。しかし、メリテリウムは、多くの時間を水中で過ごす（※5）。機敏に泳ぐというわけではない。実際、野生種を保護する際も、陸にいるよりも、水中にいる個体を網で捕獲している。

放飼場の半分を占めるプールは、そんな彼らの生態を考慮してのものだ。

プールの最も深い側はアクリルガラスの壁となっている。来園者は、このアクリルガラス越しに、泳ぐメリテリウムを見ることができるつくりだ。なお、プールの水は濾過循環式が採用されている。そのため、常に水の透明感は一定に保たれている。

陸地部分の外周は、高さ2メートルの柵で覆われている。柵の上端にはかえしがある。

外周の一部には、擬岩の壁が設置されている。その擬岩の間にスリットがあり、そこにアクリルガラスがはめ込まれている。ここも観覧場所だ。来園者は、スリット越しに、陸地を歩いたり、陸地で休むメリテリウムを覗き見ることができる。

水中で生活することが多いメリテリウムだけれども、休憩するときや、子に乳を与えるときは上陸する。運がよ

ゾウの仲間（長鼻類）ですが、
泳ぐことが大好きです。

ければ、授乳シーンを見ることができるかもしれない。

繁殖期以外は、オスとメスの生活する場所を分ける必要がある。そうした時期は、放飼場内に柵を増設し、オスとメスを隔離する。なお、子は母と同じエリアに入る。

柵の一部には、奥の非公開エリアへとつながる扉がある。植栽で観覧場所から見えにくくなっているその扉の奥には、隔離室が2部屋、寝室が6部屋ある。

隔離室は、療養用。広さは放飼場の3分の2ほど。屋外隔離室と、空調制御ができる屋内隔離室がある。2部屋とも放飼場と同様に陸地とプールで構成されているが、プールの水深は1メートルほどだ。

根菜や果物を与えすぎないように

基本的な生活は、〝朝と夕方の移動〟である。朝になるとメリテリウムを寝室から放飼場へ移動させ、夕方になると寝室に戻す。移動前に、移動先に餌を置いておくことで、メリテリウムの自発的な移動を促す。また、寝室から出る際に、柵越しに手渡しで根菜や果物を与えることを習慣づけておくことにより、体調不良時などに、抵抗なく薬の入った餌を食べさせることができる。

餌は、青草がメイン。そのほかに根菜、果物、草食獣用のペレットなどを用意する。成体に与える量は1日合計10キログラムを基本とし、体調や体重などをみながら日々調整している。

空き寝室を利用して、体重測定や採血、トレーニング、診察などを実施。このとき、飼育員や獣医は、となりの寝室から柵越しに作業をおこなう。

現生のゾウ類と比べると、メリテリウムはやや物覚えが悪いかもしれないが、「そこに愛嬌がある」との評判もある。だからといって、うっかりトレーニングをやりすぎて、根菜や果物を与えすぎると、お腹の調子をくずしてしまうことが少なくない（※6）。注意が必要だ。

古生物監修
北川博道
日本長鼻類化石研究所

マムート・ボルサニ

キバの長さが5メートル！

鼻だけではなく、キバも長い。
それが、ゾウの仲間の長鼻類というもの。
そんな長鼻類でとりわけ「長いキバ」をもつ種が、マムート・ボルサニだ。
なんと最長5メートル！　日本の一般的な信号機より長い。
もちろん、飼育に際しては細心の注意が必要となる。

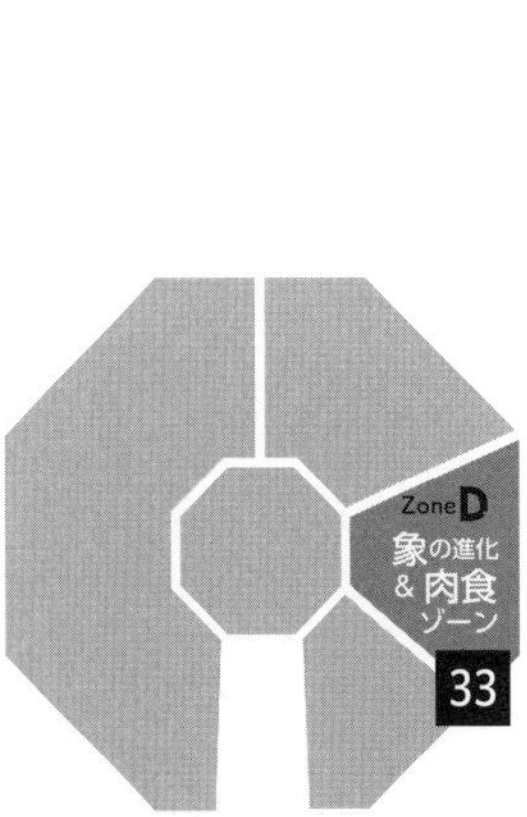

学名：*Mammut borsoni*
分類：哺乳類
本来の生息時代：新生代新第三紀・第四紀
古生物保護条約カテゴリー「A」

長い長〜いキバ

動物園を歩いていて、ふと見上げると、壁の上からにょきっと細長いキバが顔を出している（※1）。

壁の向こうにある放飼場にいるのは、マムート・ボルサニだ（※2）。

肩の高さが3・5メートルほどの長鼻類である。見た目は、ゾウ類とよく似ている。最大の特徴は、長いキバ。オスもメスも長い。とくにオスのキバは、最長で5メートルに達する。

ゾウ類のキバは、一度外側に弧を描いたのちに前を向く。しかし、マムート・ボルサニのキバはほとんどまっすぐのびる。5メートルのキバは、まさにその長さのままの存在感を放っている。

ほかの長鼻類と同じように、マムート・ボルサニもまた、国際自然史保護連合（IUCNH）によって国際古生物保護条約の「カテゴリーA」（密猟の危険などにさらされており、至急の保護が必要）に指定されており、各動物園において飼育が進められている。

マムート・ボルサニは、ケナガマンモス（96ページ）のような温度管理やファルコーネリゾウ（186ページ）のような食事量の厳格な管理は必要としない。

……けれども、飼育の難易度が低いというわけではない。なにしろ、5メートルのキバのもち主である。マムート・ボルサニにとっても、飼育員や獣医にとっても、来園者にとっても、より一層の〝安全〟が求められる。

少し遠いが仕方ない

高さ3メートルの擬岩の壁で挟まれた放飼場は、サッカーフィールド半面分の広さがある（※3）。面積が1対3になるように人工の小山で分断されており、両エリアは遠隔操作で開閉できる油圧式の扉でつながっている（※4）。

広い方のエリアでは3頭のメスが飼育され、狭い方のスペースでは1頭のオスが飼育されている。

壁で囲われていない1面側に、観覧場所がある。放飼場と観覧場所の間には、幅10メートルほどのプールがある。プールは観覧場所に近いほど深くなり、最大水深は観覧場所の手前で3メートルほど。観覧場所側のプールの壁は垂直で、プールと観覧場所の間には3メートルの芝生がある。

芝生とプールがあるために、来園者からはマムート・ボル

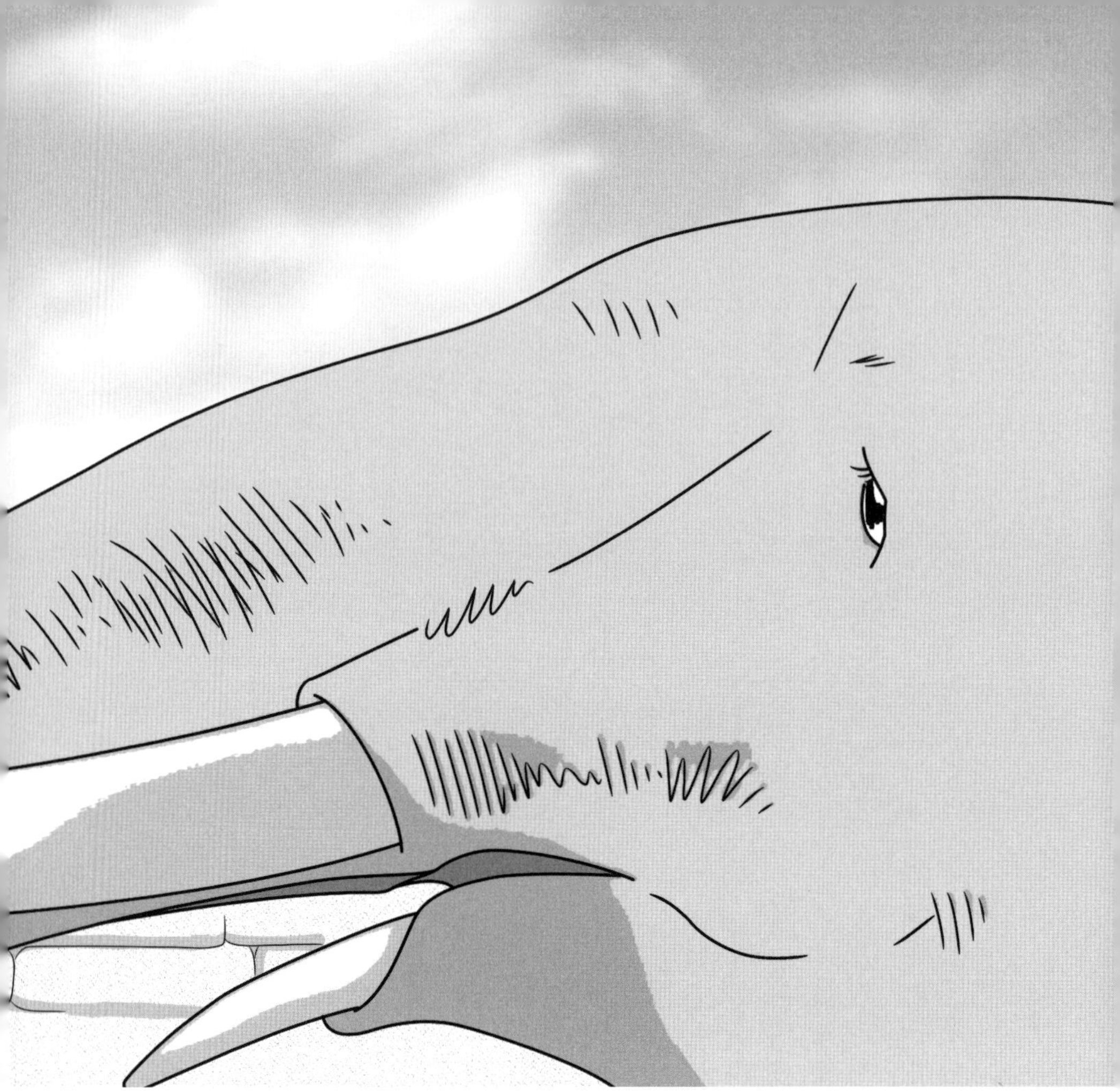

サニがやや遠く見えるかもしれない。しかし、これも安全のため。万が一にも、マムート・ボルサニのキバが来園者に届かないように設計されている。

放飼場内には土が敷かれ、日陰をつくるように背の高い植栽がいくつかある。植栽は、葉を食べられないように半径3メートルを鉄柵で囲われている。

水飲み場とフィーダーも複数カ所に設置。フィーダーは、形状の異なる数パターンを用意し、マムート・ボルサニを飽きさせないようにしている。

ほかに、夏用のドライミスト、冬用の遠赤外線ヒーターを設置できる場所もあらかじめ用意されている。

壁の一部は凸状に内部へのびてい

長〜いキバは危険なので、観覧場所は
キバの届かない高い位置にあります。

る。その上にも観覧場所がある。

観覧場所から遠い壁には、二つの扉がある。ともに遠隔操作によって開閉できる油圧式で、一つは二重扉となっており、重機が入ることができるようになっている。

もう一つは、屋内展示場やサブパドック、寝室へつながる通路だ。

屋内展示場は、バレーボールコート4面分の広さ。通常は、1頭のマムート・ボルサニを展示することを想定している。

やや高い位置にある観覧通路との境には、アクリルガラスと幅8メートルの空堀、そして高さ1・5メートルほどの擬岩。もちろん、アクリルガラスまでキバが届かないようにするためのつくりだ。

サブパドックは、放飼場からさほど離れていない場所にあり、サッカーフィールド1面分の広さで3カ所に用意されている。1カ所は、空堀を設置して公開もできる仕様。残りの2カ所は、療養する個体のためのもので非公開となっている。

寝室もサッカーフィールド1面分の広さが用意されている。1頭ごとに1部屋が割り当てられ、予備も含めて合計6部屋。このうち、5部屋は格子の仕切りで隣接し、遠隔操作のできる油圧式の扉でつながる。個体間に問題がなければ、メスたちの部屋はつなげて、自由に移動できるようにする。残る1部屋は壁で囲われ、個別に空調管理ができるようになっている。

しっかりとしたトレーニングを

なにしろキバが長い。マムート・ボルサニが〝ちょっと近寄るだけ〟でも、人間にとっては大きな脅威だ。

そこで、幼いうちからのトレーニングが重要となる。

マムート・ボルサニの受け入れが決まった段階で、動物園の担当飼育員は、保護センターに通い、幼獣と会う。

保護センターには、細かい格子で組まれたトレーニンググルームが用意されている。マムート・ボルサニの正面に小さな窓があり、そこからスロープ経由で餌をやることができる。

このトレーニンググルームは複数あり、部屋の幅が異なる。最も狭い部屋の幅は、マムート・ボルサニの肩幅よりわずかに広い程度しかない。段階的により狭い部屋に誘うことで、狭い場所に対する心理的な抵抗感を減らしていく（※5）。キバがあまり長くない幼い時期に、このトレーニングをすることが肝要となる。保護センターを出るまでには、飼育員の掛け声一つで、自分から最も狭いエリアに入るようにする。

動物園にも類似のトレーニングエリアが用意されている。位置は、寝室から展示場へ向かう通路の途中だ。こちらの格子は幅が調節できるようになっており、やはり同じように少しずつ狭い部屋に慣れさせる。

大きなちがいは、側面に小さな窓が設けられていることだ。その小窓からマムート・ボルサニが鼻だけ出し、餌を与えられるようになっている。保護センターからやってくる頃には、マムート・ボルサニのキバがすでにある程度長くなっているので、正面からの餌やりは危険だ。よび出して、狭いトレーニングエリアに入れたのちに、側面から小窓越しにおやつを与え、また、各種健康診断や採血などをおこなう。

なお、動物園で生まれた個体に対しては、保護センター

餌やりは、基本的にPCウォール越しにおこないます。

でおこなったトレーニングと同じことができるよう、正面からの餌やりもできるつくりになっている。

日常は、朝になると寝室から放飼場や屋内展示場へ、夕方になると寝室へと移動させる。餌の量は、夕方に最も多くする。

餌は、干し草、青草をメインとし、根菜類、果物類なども与える。1日の基準量は100キログラムで、体調や体重をみながら、量を調整する。

寝室から出す際には、通路や空き寝室の小窓越しに手渡しで根菜類や果物を与える。直接口に入れるのではなく、キバの届かない口の真下から差し出して、鼻で受け取らせる。この方法に慣れさせれば、投薬もできるようになる。

掃除は、マムート・ボルサニを別のエリアに出している間におこなう。真夏や真冬は、放飼場に長時間出しておくと〝まいって〟しまう可能性があるので、すみやかに掃除をすませることが大切。

ナウマンゾウ

日本を代表するゾウ類

古生物監修
北川博道
日本長鼻類化石研究所

東京都心部をはじめ、日本各地に〝出現〟するパレオロクソドン・ナウマンニは、「ナウマンゾウ」の名でも知られている。

各地に用意された保護区域を経由して、動物園に若い個体がやってくる。

基本的には、〝現生ゾウ類〟と同じ方法で飼育できるため、古生物専門の動物園でなくても見ることはできる。

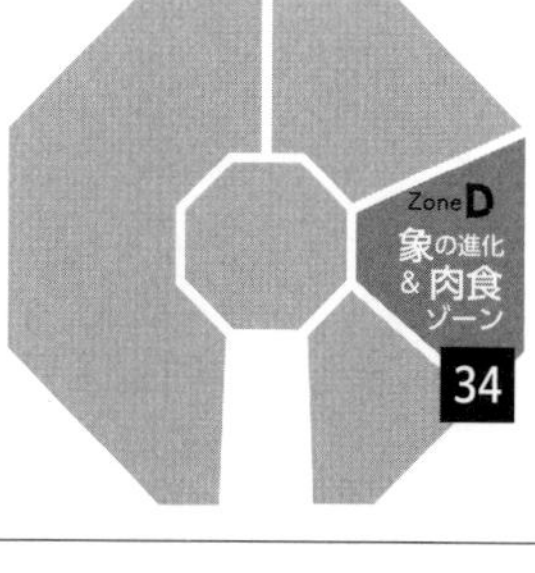

学名：*Palaeoloxodon naumanni*
分類：哺乳類
本来の生息時代：新生代第四紀
古生物保護条約カテゴリー「ー」

日本のゾウといえば……

古生物の〝出現〟が始まって以来、各国でとくに注視されているのは、絶滅ゾウ類の出現だ。なにしろ、サイズがサイズである。積極的に人間や家畜に被害を与える動物ではないものの、体の大きさそのものが脅威となる。

そこで、国際自然史保護連合（ＩＵＣＮＨ）では、出現地付近に保護区域を設置し、その区域内に誘導して保護を図るとともに、人に慣れた個体や、保護区域内で生まれた個体は積極的に近隣の動物園で飼育するように求めている。

絶滅ゾウ類に関しては、日本も当事国だ。とくに、肩の高さが3メートルの「パレオロクソドン・ナウマンニ」（※1）は、都心から郊外までさまざまな場所に〝出現〟し（※2）、政府や自治体はその対応に追われている。

パレオロクソドン・ナウマンニは、「ナウマンゾウ」の和名で知られている（※3）。

ＩＵＣＮＨの指定動物園では、ナウマンゾウ1頭あたりの必要面積はバスケットコート1面分よりもやや広い500平方メートルと定められている（※4）。

この動物園では、3頭分に相当する放飼場が用意されており、必要に応じて1頭分単位で仕切りができるようになっている。

現在飼育されているのは、3頭の若い個体だ。オスが1頭、メスが2頭で（※5）、オスとメスは隔離されている。

放飼場内には土が敷かれ、日陰をつくるために植栽が数カ所にある。植栽の葉が食べられてしまうことがあるので、周囲2メートルは鉄柵で囲み、ナウマンゾウが接近できないようにされている。

放飼場の外周には、幅5メートル、深さ3メートルの空堀があり、来園者はその外から観覧する。

観覧場所以外の壁は、擬岩で覆われている。壁の高さは2・5メートルで、ナウマンゾウが鼻を上にのばしていたずらしないように、電気柵をめぐらしてある。

壁よりも高い位置に、ドライミスト噴霧器と遠赤外線ヒーターを設置している。前者は真夏用、後者は真冬用だ。もっとも、本格的に暑い日や寒い日は、ゾウたちが長時間に渡って放飼場に放たれることはない（※6）。

壁には、二つの大きな扉が設置されている。一つは、寝室や屋内展示場へ続く扉。もう一つは外とつながっており、

日本の動物園ではよく
見られるナウマンゾウ。
当園では3頭を飼育し
ています。

重機などが出入りできる。外へ続く扉は二重式だ。すべて、遠隔操作で開閉できる油圧式の頑丈な扉である。

暑すぎる日、寒すぎる日は屋内で

屋内展示場は、放飼場と同じ広さ。ただし、観覧通路との境にはアクリルガラスが設置されている。1頭単位で区切ることもつなげることもでき、区切った場合でもすべての部屋で空調管理ができる仕様になっている。夏季の猛暑日や、冬季の極寒日などは、ナウマンゾウたちは外に出ず、この屋内展示場で過ごす。

予備を含めて5部屋用意されている寝室は、バドミントンコートをやや狭くしたサイズ。1頭1室が割り当てられている。なお、子が生まれた場合は、しばらくは母子で同じ寝室を使うことになる。

隣接する寝室との境は、幅70センチメートルほどの太い鉄柱が並ぶ。また、その鉄柱の境の一部には、遠隔操作で開閉できる油圧式の扉もある。

単調を避ける

各展示や寝室をつなぐ通路沿いに、療養用のサブパドック二つと、トレーニング用のエリアが一つ用意されている。

サブパドックのつくりは、放飼場と同じ。ただし、非公開なので空堀はない。

トレーニング用エリアには、頑丈な格子がななめに組まれた壁が用意されている。ここで格子越しに、採血や注射などのトレーニングをおこなう。

日常生活は、朝になると寝室から放飼場や屋内展示場へ、夕方になると寝室へ移動となる。すべて遠隔操作による扉の開閉と餌によって誘導され、飼育員はゾウたちと同じ空間には入らない。

なお、とくに個体間に問題がなければ、オスの寝室以外の扉は全開放し、屋内外を自由に行き来できるようにする。

餌は、若い個体には1日あたり100キログラムほど（※7）。高齢の場合はこれより量を少なめにする。干し草や青草が6割で、残りは根菜類や果物を用意する。

基本的には扉を開ける前に、移動先の部屋に餌を置く。そのほか、寝室から出す際に、格子越しにイモ類や果物を手渡しで与える。こうすることで、投薬時も同じ方法が使えるようになる。

なお、餌場は1カ所ではなく、各展示のさまざまな場所、高さに設置する。単調さを避けることは、動物たちの飼育環境を整えるうえで大切なことだ（※8）。水飲み場も複数用意する。

古生物監修
久保田克博
兵庫県立
人と自然の博物館

ジュラ紀の王者がやってきた
アロサウルス

全長8・5メートル。スリムな体に、長い前脚をもつ肉食恐竜だ。日本では動物園で出会う人気者の一つだけれども、ティラノサウルスと並んで危険な恐竜として知られている。

市民の安全を守るため、国際古生物保護条約では至急の捕獲が定められ、捕獲後は世界各地の動物園に輸送されている。

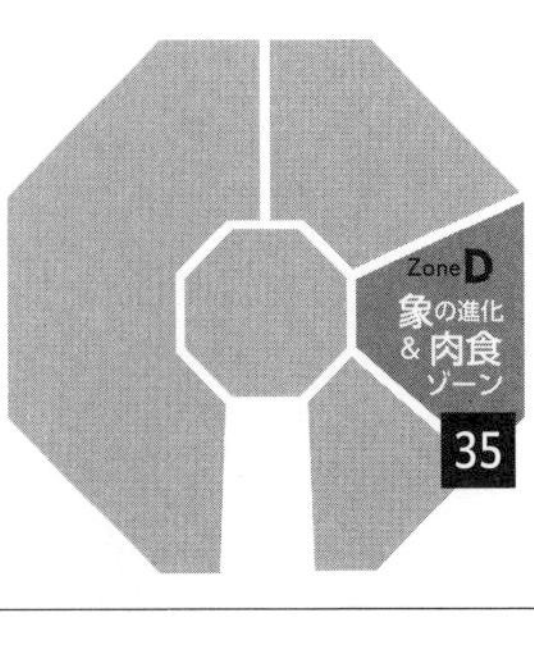

学名：*Allosaurus*
分類：恐竜類
本来の生息時代：中生代ジュラ紀
古生物保護条約カテゴリー「B」

人工島で単独飼育

幅4メートルの川の先に、バスケットボールのコート6面分の面積のある人工島が三つある（※1）。飼育されているのは、全長8・5メートルという大型の肉食恐竜、アロサウルスだ（※2）。

「大型の肉食恐竜」といえば、ティラノサウルス（234ページ）が有名だ。そんなティラノサウルスと比べると、アロサウルスはひと回り小さく、スリム。さらに前脚が長いなどの特徴がある。

もっとも、「小さい」とはいっても、それはあくまでも「ティラノサウルスと比べて」の話。たとえば、古今の陸上哺乳類と比べてみて、「全長8・5メートル」より大きい種はかなり希少だ。とくに肉食哺乳類では、これほどのサイズのある種は確認されていない。

〝出現地〟にあたるアメリカでは、数年に一度、警戒域をこえて都市部に侵入する個体がいる。その都度、軍を投入しての捕獲作戦が展開されている。初期のころは、ヒトも襲われていたし、家畜にも甚大な被害が出た。軍による対応で被害がほとんど出なくなり、国際自然史保護連合（IUCNH）が種の保全を目的として調査対象に加えるようになったのは、ごく最近である。

IUCNH加盟の各国が調印する国際古生物保護条約では、いかに恐ろしい恐竜であっても、ヒトに直接的な危害を与えていない個体の殺傷を禁じている。そうした動物の分類は「カテゴリーB」。「人間に危害を及ぼす可能性があるため、出現を確認後、早急なる捕獲が必要」だ。

そこで、〝出現地〟の周囲には、鶏肉などを仕込んだ鉄製の箱罠が多数しかけられている。とらえた個体は、そのまま軍によって輸送され、国際古生物保護条約に加盟する各国の動物園で保護・研究される。この動物園にいるアロサウルスもそうした過程を経てやってきたものだ。

今、この動物園にいるアロサウルスは、成体のオスが1頭、メスが2頭。三つある人工島は、互いに可動橋で結ばれている。この橋は通常時は垂直に立てられていて、互いの移動を妨げる。繁殖をおこなう際にはこの橋を遠隔操作で降ろして島をつなげることになる。

人工島には土が敷かれ、木生シダをはじめとする植栽があり、水飲み場がある。上空にはワイヤーが張られ、島の中央部にまで餌を運び、落とすことが可能だ。これは「ア

「アロのおやつタイム」の時間には、
ワイヤーを使って、餌を与えています。

アロサウルス

ロのおやつタイム」として、来園者に人気の試みとなっている。

迫る壁で上手に検診

観覧場所の反対側の壁には、屋内施設への油圧扉を設置。この扉も遠隔で操作できる。

その先はスクイズケージだ。さらにその先に、屋内展示場と寝室、サブパドックが用意されている。

幅を調節できるスクイズケージは、基本的には、通路の一部としてつくられている。一面は格子状になっており、動かすことができる。床には体重計を設置。前後をリモコン操作できる柵で封じることができる。

屋内展示場は、人工島の3分の1よりもやや広い程度で、2部屋が用意されている。この2部屋は格子で区切られているが、普段はその格子の外側に分厚い鉄製の壁がある。遠隔操作で壁を収納することで、格子越しに2部屋がつながるしくみだ。これは、オスとメスのお見合いのときに利用される（※3）。天井は5メートルほど。一部は格子状になっており、その隙間から餌が下ろされる。

寝室は、屋内展示場の部屋の半分ほどの面積。6部屋用意され、床には土が敷かれている。アロサウルスは共食いすることがあるため、基本的には幼体であっても1頭につき1部屋が割り当てられる。

サブパドックは、屋内展示場の部屋とほぼ同じ広さ。ケガをした個体などの療養のための部屋だ。

検診・治療時には、スクイズケージにおいて柵で前後の動きを止め、通路の幅を狭めて体を固定し、注射などをおこなう。なお、注射は腕や肩におこなうことが一般的だ。

遠隔操作と餌で行動管理

この動物園のアロサウルスの日常は、朝に寝室を出て、スクイズケージ前を通り、放飼場や屋内展示場に向かう。夕方には寝室へと帰ってくる。

餌は、寝室を出る前には放飼場や屋内展示場に用意し、放飼場や屋内展示場から帰る前に寝室に用意する。この動物園では、ヤギの脚を骨ごと与えている。来園者に餌やりを見せる場合には、ニワトリが用いられる。

遠隔で操作する油圧扉と先に設置した餌で、アロサウルスの動きをコントロールする。

ちなみに、アロサウルスの歯は、大型の恐竜の骨を噛み砕くことはできないが、ヤギやニワトリ程度の骨であれば噛み砕くことができる。あるいは骨ごと丸のみする（※4）。

スクイズケージで検診する場合は、検診後にもニワトリが与えられる。そのため、慣れた個体は自らここで止まり、獣医による検診を受ける。

なお、メインの餌は、誘導に使うヤギの脚とは別物で、シカやウマ、ニワトリの肉を100キログラム超、週に1度の割合で与えている（※5）。

迫力の獣弓類

イノストランケヴィア

古生物監修
奥村よほ子
佐野市葛生化石館

地域によっては、ティラノサウルス並に恐れられ、そして、人気も高いイノストランケヴィア。

　哺乳類の〝親戚〟とされる動物たちのなかで、最も気をつけて飼育する必要があるとされる。

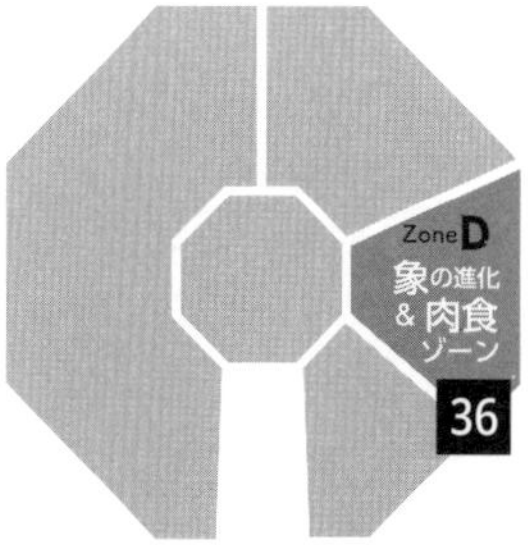

学名：*Inostrancevia*
分類：単弓類（“獣弓類”）
本来の生息時代：古生代ペルム紀
古生物保護条約カテゴリー「B」

迫力の3・5メートル

古生物たちの〝出現〟が始まって以降、国際自然史保護連合（ＩＵＣＮＨ）は、いくつかの古生物に国際古生物保護条約を適用して、その捕獲・保護を率先して進めてきた。

この条約において、「カテゴリーＢ」に位置づけられる動物は、「人間に危害を及ぼす可能性があるため、出現を確認後、早急なる捕獲が必要」とされる。時に、人間が命の危険を感じるような、そんな恐ろしい〝古生物〟には優先的な対処が求められている。

全長3・5メートルのイノストランケヴィア（※1）も「カテゴリーＢ」扱いの肉食動物の一つだ。現生のライオンと同等以上の体格をもつこの単弓類は、60センチメートルをこえる頭骨と、13センチメートルをこえる犬歯が特徴だ。

イノストランケヴィアは、ライオンほどの俊敏性はもたないし、あごには骨を噛み砕くほどの力はない。しかし〝出現地〟ではイノストランケヴィアに家畜が襲われることも少なくないため、生息地域と思われる場所に、餌となる肉と共に箱罠をいくつか設置することになっている。

周囲を池で囲む

この動物園においてはイノストランケヴィアの飼育場所として、放飼場2カ所、屋内展示室1カ所、寝室4カ所、サブパドック2カ所の合計9カ所が用意されている。

二つの放飼場は、それぞれ小中学校の教室ほぼ二つ分の広さで（※2）、土が敷き詰められている。日陰をつくるための植栽と、水飲み場も設置。放飼場は、高さ2メートルの垂直な壁で隔てられる形で隣接し、遠隔操作で開閉できる扉でつながっている。

それぞれの放飼場の奥にも高さ2メートルの垂直な壁がある。そこには、寝室などへとつながる扉がある。この扉も遠隔操作で開閉できる仕様だ。基本的に人とイノストランケヴィアは、同じ空間に入ることなく、完全に世話ができるつくりとなっている。

二つの放飼場の外周をぐるりと囲むように、幅5メートル、深さ2メートルの返し付きの池がある。来園者は、この池の外から観覧する。

屋内展示場も、小中学校の教室二つ分の広さがある。床深い池で囲んでいます。
池の縁には「返し」もあるので、
安心して見学することができます。

は土ではなくコンクリートだけれども、一部に人工芝が敷かれ、水飲み場も設置されている。三方を壁で囲まれ、奥には寝室へつながる扉がある。冷暖房も完備されている。来園者は、アクリルガラス越しに屋内のイノストランケヴィアを通路から見学する。

現在、この動物園ではそれぞれの展示場に1頭ずつ、合計3頭のイノストランケヴィアが飼育されている。オス・メスの内訳は、オスが1頭、メスが2頭だ。これは、IUCNHによる保護要請に応じてきた結果であり、特にカテゴリーBの古生物の保護は急務なので、動物園サイドの要望は反映されていない。

寝室は教室一つ分の広さで、土が敷かれている。天窓で自然光を取り入れることが可能であり、冷暖房もばっちりだ。

寝室は予備を含めて4部屋並んでいる。部屋と部屋の境は、格子で区切られているが、普段はその格子の外側に分厚い鉄製の壁がある。遠隔操作で壁を収納することで、格子越しに2部屋がつながる。オスとメスを〝安全〟に合わせることができるというお見合い仕様だ。

サブパドックは、放飼場とほぼ同じつくり。ただし、非公開。療養個体などのためのエリアだ。

餌の位置で行動をコントロール

イノストランケヴィアは比較的賢い動物で、おとなしくさせたり、移動をコントロールしたりするためのトレーニングもできる。

朝になると、1頭ずつ寝室から展示へ、夕方に寝室へ。トラブルを防ぐために、イノストランケヴィアの移動は必ず1頭ずつだ。飼育員は離れた場所から遠隔操作できる扉と、各エリアに事前に置いた餌で誘導する。

イノストランケヴィアの不在の時間を利用して展示スペースや寝室の掃除をおこなう。

餌は、バラしたニワトリを用意（※3）。トレーニングのときは、馬肉をカットしたものを使う。1日3食与えるけれども、寝室で与える夕食の量が最も多い。こうすることで、率先して寝室に戻るようになる。

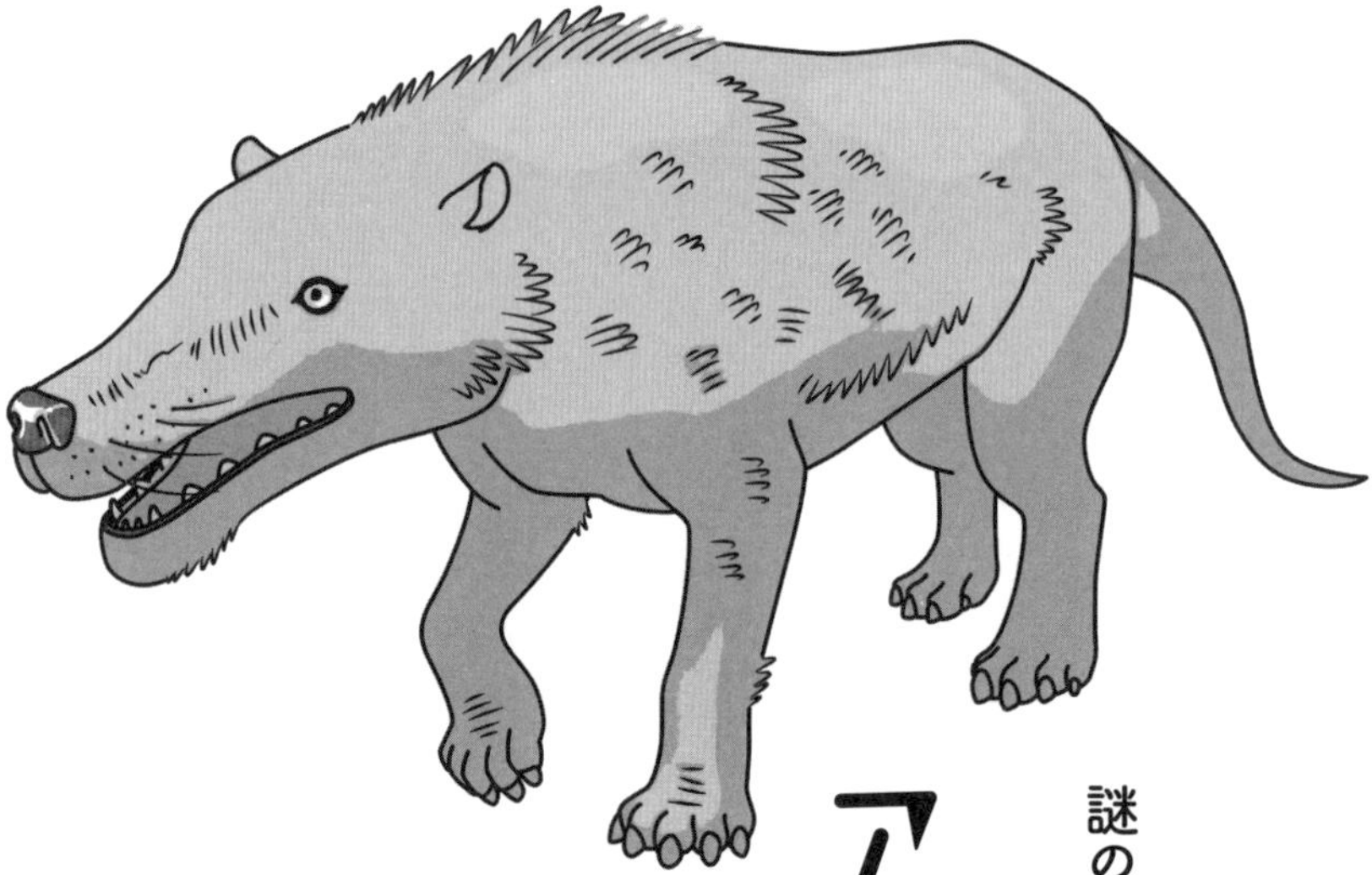

古生物監修
木村由莉
国立科学博物館

アンドリューサルクス

謎の大型肉食哺乳類

保護される古生物について、事前情報が十分にあるとは限らない。
世界各地に現れる古生物には、既存の知識では「謎だらけ」とされている種もいる。
アンドリューサルクスは、まさにその一例だ。

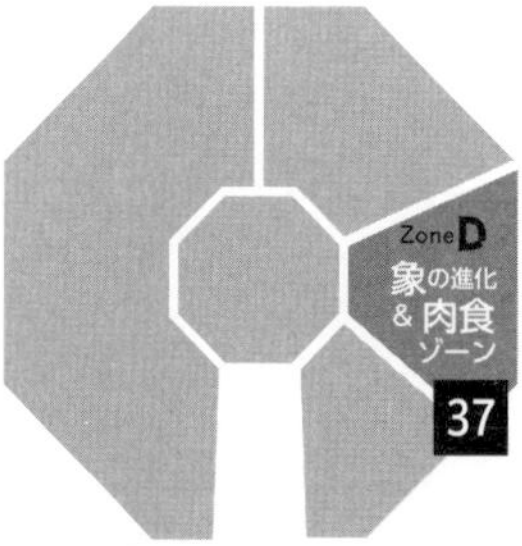

学名：*Andrewsarchus*
分類：哺乳類
本来の生息時代：新生代古第三紀
古生物保護条約カテゴリー「ー」

謎の大型肉食哺乳類

バスケットボールコートほどの広さのある放飼場（※1）を、1頭の大型動物がのっそりと歩いている。

その動物の名前は、アンドリューサルクス（※2）。

現生のライオンやトラよりもひと回り大きな巨体をもち、頭胴長は3・5メートルに達する。最大の特徴は、頭部だ。全長の約4分の1を占める大きさで、口には大きくてがっしりとした歯が並ぶ。

アンドリューサルクスは、探検家にして古生物学者であるロイ・チャップマン・アンドリュース（※3）にちなんだ名前をもつ哺乳類で、その名は〝出現〟前から有名だった。

しかし、知名度が高いにもかかわらず生態は謎に包まれており、学界にもほとんど情報がない（※4）。

最近になって、モンゴルの荒野をふらふらと歩く個体が確認され（※5）、国際自然史保護連合（ＩＵＣＮＨ）の要請によって、この動物園が保護と飼育を担当することになった（※6）。

動物園の捕獲チームが現地に駆けつけたところ、そのアンドリューサルクスは明らかに元気がなかった。麻酔銃で眠らせたのち、その場で獣医による採血、聴診、触診、エコー（※7）といった簡易チェックがおこなわれた。

その後、モンゴル軍と日本の自衛隊による合同搬送部隊によって日本へと輸送された。

動物園に到着後、数週間に渡る療養期間を経て、ようやく一般公開となった。

空調管理の屋内展示場

謎の大型肉食哺乳類の生態を解き明かそうと、ＩＵＣＮＨは、この動物園に専用施設の増設を急いでいる。現在は、放飼場、屋内展示場、寝室がどれも一つずつしか用意されていないけれども、最終的には放飼場は三つ、寝室は六つに増え、サブパドックが二つ設置される予定だ。

放飼場と観覧場所の間には、幅5メートル、深さ3メートルの池がある。この池は、放飼場側はなだらかな仕様だが、観覧場所側は垂直になっており、登ることができない。また、返し付きの丈夫な鉄柵も設けられている。

放飼場には土が敷かれ、日影をつくるための植栽が随所に植えられている。また、深さ1メートルほどの池が用意され、アンドリューサルクスが水浴びを楽しめるようになっ

当園のアンドリューサルクスは、IUCNH の要請によって保護された個体です。
当初は弱っていましたが、今ではかなり健康になりました。

BROTHER

ている。

放飼場の奥には擬岩で覆われた高さ3メートルほどの壁があり、屋内展示場などへと続く大きな扉がある。

屋内展示場は、放飼場と同じ広さで、天井の高さは5メートル。三方を壁で囲われ、一方が観覧通路に面し、アクリルガラスを通して観覧できるようになっている。

アクリルガラスの内側には、アンドリューサルクスが落ちてもケガをしない程度の浅い堀がある。これにより、アンドリューサルクスがアクリルガラスに直接触れることができないようになっている。

屋内展示場には、気温、湿度ともに完全に管理できる空調設備が整っている。野生では荒野で暮らしているので、気温の変化には強いかもしれないが、日本の多湿環境がどのように健康に影響を与えるかはわかっていない。とくに夏季は、屋内展示場における飼育が中心になるかもしれない。

寝室は非公開で、広さはバレーボールのコートよりやや狭い程度。

二つのサブパドックは、非公開の屋外施設。壁で囲われている以外は放飼場と同じ仕様だ。療養や、将来的に個体数が増えたときのローテーション待ちの個体用につくられている。

寝室と各展示をつなぐ通路の途中に、幅を調節できるスクイズケージがある。体重計も設置されており、日常の各種検査はここでおこなわれる。この動物園で飼育されはじめた個体は物覚えがよく、合図をすれば、格子の隙間から手を出すという（※8）。その手から、採血もおこなっているとのことだ。

餌の好みはようすを見ながら

基本的に、朝になったら寝室から放飼場や屋内展示場へ移し、夕方になったら寝室に戻す。移動先には事前に餌がおかれ、各扉は遠隔操作で開けることができる。これにより、飼育員がアンドリューサルクスと同じ空間に入ることなく、移動を促すことができる。

餌は、馬肉を中心に与える。現在の個体は、豚骨も好む（※9）けれども、これは個体差である可能性が高い。次なる個体の飼育に向けて、動物園では肉食獣用のソーセージや、レバーなども準備している。

餌の量は、夕食が最も多くなるように。これによって、積極的な寝室への帰還を促す。豚骨はおやつ程度で、トレーニングに使われる。

なにしろ謎が多いので、手探りでの飼育が続く。その場合でも、第2、第3のアンドリューサルクスの保護を想定し、最終的には、その繁殖まで視野に入れている。

古生物監修
木村由莉
国立科学博物館

THE サーベルタイガー
スミロドン

「サーベルタイガーの代名詞」として知られる「スミロドン」。長いキバと太い前脚をもつ〝猛獣〟である。

でも、動物園にとっては慣れた相手。なにしろ、トラやライオンのノウハウを応用すればいいのだ。

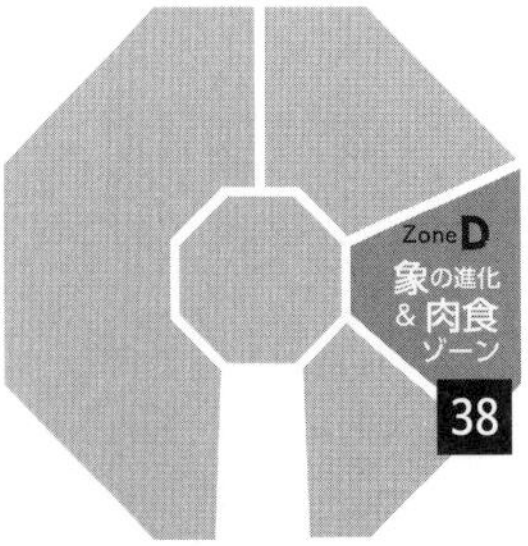

学名：*Smilodon*
分類：哺乳類
本来の生息時代：新生代第四紀
古生物保護条約カテゴリー「B」

集団を好むサーベルタイガー

スミロドン（※1）は、〝出現〟前から「サーベルタイガー」の代名詞としてよく知られていた。肩の高さは1メートルほどで、前脚はがっしりと太く（※2）、尾は愛らしいほどに短くて丸い。全体的にトラに似た風貌をしているけれども、「サーベルタイガー」の名にふさわしく、口にはナイフのように鋭くて長い犬歯がある。この犬歯は、1年間で7センチメートル以上も成長し、この犬歯を活かすために、口は120度まで開けることができる。

スミロドンは、「猛獣」として扱われることが多い。実際、国際自然史保護連合（IUCNH）は、国際古生物保護条約において「カテゴリーB」（人間に危害を及ぼす可能性があるため、出現を確認後、早急なる捕獲が必要）に指定している。なにしろ、ロサンゼルスなどの都市部にも〝出現〟することがあるため、人々は警戒し、対応にあたった。

現在では捕獲と保護の体制が確立し、ロサンゼルスを擁するカリフォルニア州では、スミロドンを「州の古生物」に認定（※3）。州の保護施設で積極的な繁殖さえ進めている。基本的には、トラやライオンなどの大型ネコ類と飼育方法は変わらない。危険ではあるけれども、けっして飼育のノウハウがないわけではないのだ。

一方で、慣れない都市部に出現するスミロドンの、とくに幼獣は〝迷い猫〟化しているケースが多く、社会問題にもなっている。スミロドンは家族で集団をつくる傾向があるため（※4）、こうした幼獣は州の保護施設に送っても、既存の集団から受け入れられないことがしばしばあった。そこで、そうした〝迷いスミロドン〟が保護された場合は、まだ集団が確立していない国内外のIUCNH指定動物園に送られることになっている（※5）。

この動物園で飼育されているスミロドンも、そうした経緯で送られてきたもの。幼獣段階から飼育した同世代の3頭がともに暮らしている。内訳は、オス1頭とメス2頭だ。この3頭で、一つの群れである。

スミロドンが楽しめる要素を

スミロドンの放飼場は、バレーボールコート2面分の広さ（※6）。奥には擬岩で覆われた建物の壁があり、その壁以外は高さ4メートルの鉄柵で囲われている。鉄柵の最上部

当園のスミロドンは、幼獣の時期
からともに育った３頭です。

には、返しと電気柵が設置されている。

鉄柵の一部には、アクリルガラスのはめこまれた観覧場所が用意されている。来園者は、鉄柵越し、あるいは、アクリルガラス越しに、スミロドンに直接触れない場所から見るわけだ。

放飼場内には土が敷かれ、日陰や雨宿りを意識した背の高い植栽があり、いくつか水飲み場もある。

擬岩と擬木で組まれたアスレチックが複数設置されている。また、爪とぎを目的とした丸太もある。これらは、スミロドンが日々の生活を少しでも楽しく感じてくれるようにしたものだ。なお、爪とぎ用の丸太は、ぼろぼろになってきた時点で新しいものに取り替える。

スミロドンのおやつタイムが終わったら、
そろそろ閉園時間です。

時間差で寝室へ

擬岩で覆われた建物は、屋内施設だ。重機も通ることができる大きな扉で、放飼場とつながっている。

屋内施設内には、屋内展示場と寝室、サブパドック、スクイズケージなどがある。いずれも空調の管理がなされている。

屋内展示場は、バレーボールコート1面分ほどの広さで、高さは5メートルほど。下には土が敷かれ、三方が格子の壁、一方がアクリルガラスとなっている。

屋内展示場には、閉園時刻の1時間15分前になると、1頭のスミロドンが放飼場から誘導されて入る。そして、その旨が園内にアナウンスされる。このとき、スミロドンには、格子越しにおやつが与えられる。そのときの愛らしい仕草を見るため、格子から1・5mほど離れた通路に来園者たちが次々に集まってくる。一方、閉園時刻の50分前ごろから、ほかの放飼場では、順次動物たちの寝室への移動が進められていく。スミロドンの屋内展示は、閉園間際の来園者の誘導を目的としているのだ（※7）。

そして、閉園の15分前になると、屋内展示場のスミロドンも寝室へ移される。そろそろ退園の時刻だ。『蛍の光』も放送される。

スミロドンの寝室は、1部屋に1頭ずつ割り当てられている。バドミントンのコート半分ほどで、床はコンクリートがむき出しだ。隣接する寝室とは、格子扉と鉄板扉でつながっている。

端に位置する寝室は、少し狭く、天井も低い。この部屋には産室としての使用を想定したもので、監視カメラもある。

サブパドックは、放飼場と同じ広さの非公開施設だ。全体的な仕様は放飼場と同じだけれども、四方はコンクリートの壁で囲われている。療養個体や、一時的に保護した個体などを飼育する。

スクイズケージは、通路の一画に設けられている。体重を測定したり、格子の柵越しに採血をしたりする。このとき、格子の一部は開閉可能で、そこからスミロドンは前足を出す……ようにトレーニングをする場所でもある。

おやつは複数カ所で同時に

移動先にあらかじめ餌をおき、遠隔操作で扉を開閉することで、スミロドンの自発的な移動を促す。基本的には、朝に寝室から放飼場へ、夕方に放飼場から寝室へ。内1頭は、屋内展示場を経由して寝室へ行く。

餌は、馬肉や丸鶏をメインとして、夕食がいちばん多くなるように調整する。そのほか、日に数度のおやつタイムには、肉食獣用のソーセージ、豚骨、レバーなどを与える。

おやつは与え方が大切。1カ所で与えると3頭がケンカするので、3カ所から同時に飼育員が投げ入れる。なお、屋内展示場に移動する個体は日替わりで、おやつタイムにはその個体の好むおやつが与えられる。

すべての飼育作業は、スミロドンと飼育員が同じスペースに入ることなく進められる。もちろん、安全のためだ。

肉食恐竜の帝王

ティラノサウルス

怖いけれど、見てみたい。

やっぱり、強さに憧れる。

いわずと知れた「帝王」ティラノサウルスだ。地上で暮らす肉食動物として史上最大級の体格、圧倒的な破壊力をもつ。

捕獲も危険、飼育も危険。

でも、これほどまでに人気の古生物もいない。世界中の動物園がこの恐竜の飼育を目指し、整備を進めている。

古生物監修
久保田克博
兵庫県立
人と自然の博物館

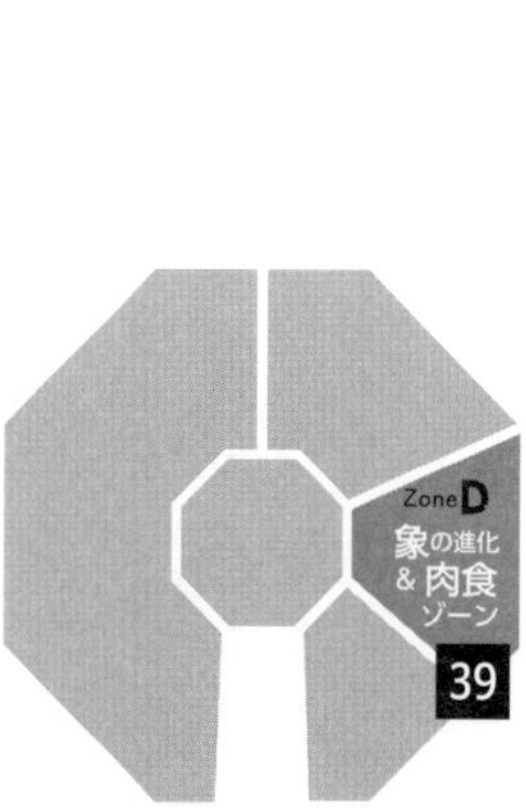

学名：:*Tyrannosaurus*
分類：恐竜類
本来の生息時代：中生代白亜紀
古生物保護条約カテゴリー「B」

野生個体は、早急に確保

世界各地の古生物を扱う動物園で随一の人気を誇るのが、全長13メートルの肉食恐竜、ティラノサウルスだ（※1）。

大きく幅のあるがっしりとした頭部。口には、削る前の鰹節、あるいはバナナのような太い歯が並ぶ。そのあごが噛む力は、アメリカアリゲーターの8倍以上（※2）。獲物の骨さえも簡単に噛み砕く。首も胴体もかなりの太さだ。知名度も圧倒的で、「古生物に興味がない」という人でさえ、ティラノサウルスの名前は知っているし、姿を思い浮かべることもできるだろう。

肉食恐竜として「史上最強」とのよび声も高いことから、国際自然史保護連合（ＩＵＣＮＨ）は最大限の警戒にあたってきた。国際古生物保護条約の「カテゴリーＢ」、すなわち、「人間に危害を及ぼす可能性があるため、出現を確認後、早急なる捕獲が必要」である。

国際古生物保護条約は、いかに危険な恐竜でも、人に直接的な危害を与えていない個体の殺傷を禁じている。そのため、アメリカ、カナダ両国では共同で大型の箱罠を各所に設置・管理し、ティラノサウルスの捕獲にあたる。ときに、ドローンを投入してティラノサウルスを探し、箱罠への追い込みをおこなっている。

一度、捕獲されたティラノサウルスは、軍によって各国へ輸送されている。アメリカ・カナダ国内の運搬は、輸送ヘリを数機投入しての空輸が中心（※3）。海外への輸出に際しては軍港と大型の艦船が用いられる。

重機通路を用意

放飼場の広さは、サッカーフィールドよりも少し広い程度（※4）。三方を幅10メートル、水深8メートルの池と、返し付きの壁で囲まれている（※5）。残り一方は、屋内施設へと続く油圧扉のある高さ5メートルの絶壁だ。

放飼場には土が敷かれ、被子植物の植栽が随所に植えられている。厚いコンクリートの壁で4分されており、たがいに遠隔操作可能な油圧扉でつながっている。放飼場に出す頭数によって油圧扉を開閉し、広さを調節する。

今、この動物園には、オス1頭、メス2頭が飼育されている。このうち、放飼場には交代で2頭が出されるため、油圧扉は常時2カ所解放され、広いスペースを利用している。

上空にはワイヤーが張られ、各エリアの中央部にまで餌を運び、落とすことが可能だ。これは「ティラノのおやつタイム」として、人気の試みとなっている。

油圧扉の先には、スクイズケージがある。そしてその先に、屋内展示場と寝室、サブパドックが用意されている。それぞれの部屋の扉は、すべて遠隔操作のできる油圧扉で、二重になっている。一つが開いているうちは、もう一つは開かない。徹底した脱走対策がなされている。

幅を調節できるスクイズケージは、基本的には、通路の一部としてつくられている。床には体重計を設置。前後をリモコン操作できる丈夫な柵で封じることができる。

ティラノサウルスの日々の健康チェックは、このスクイズケージでおこなわれる。

大事なのは、口内チェック。彼らは、ときに屋内展示場などの鉄柵に噛み付いて歯を傷めることがある。獣医師はスクイズケージの2階に設置された観察用の場所から、太い鉄柵越しに、口内を観察する。

この動物園のティラノサウルスは、トレーニングを重ねることによって、合図とともに口を大きく開けることができる。獣医師の合図で開閉すれば、おやつがわりに、内臓を除いたニワトリが与えられる。もちろん、診察終了時にも同様のおやつが与えられるため、最近では3頭とも率先して健康チェックを受け、口も開ける。

屋内展示場は、バスケットボールのコート5面分の広さの部屋が二つ並ぶ。部屋と部屋の敷居は、格子で区切られているが、普段はその格子の外側に分厚い鉄製の壁がある。遠隔操作で壁を収納することで、格子越しに2部屋がつながる。これは、お見合いに利用できる。

油圧壁以外は、コンクリートの壁で4面が覆われている。スクイズケージや寝室につながる通路との境には油圧扉があり、その逆の壁には幅50センチメートルほどのスリットがある。このスリットには観覧用のアクリルガラスの窓がはめられているほか、その内側に鉄柵があり、ティラノサウルスは直接アクリル窓に触れることはできない。

天井の高さは5メートルほど。その天井の一部は格子状になっており、その格子の隙間から餌が下ろされる。

屋外に出されない1頭は、この屋内展示場で日中を過ごす。床暖房のあるこの部屋は、ゆっくりと休むのにはちょうどいい。

非公開の寝室は、屋内展示場の半分ほどの面積。ティラノサウルスは共食いすることがあるため、1頭に対して1

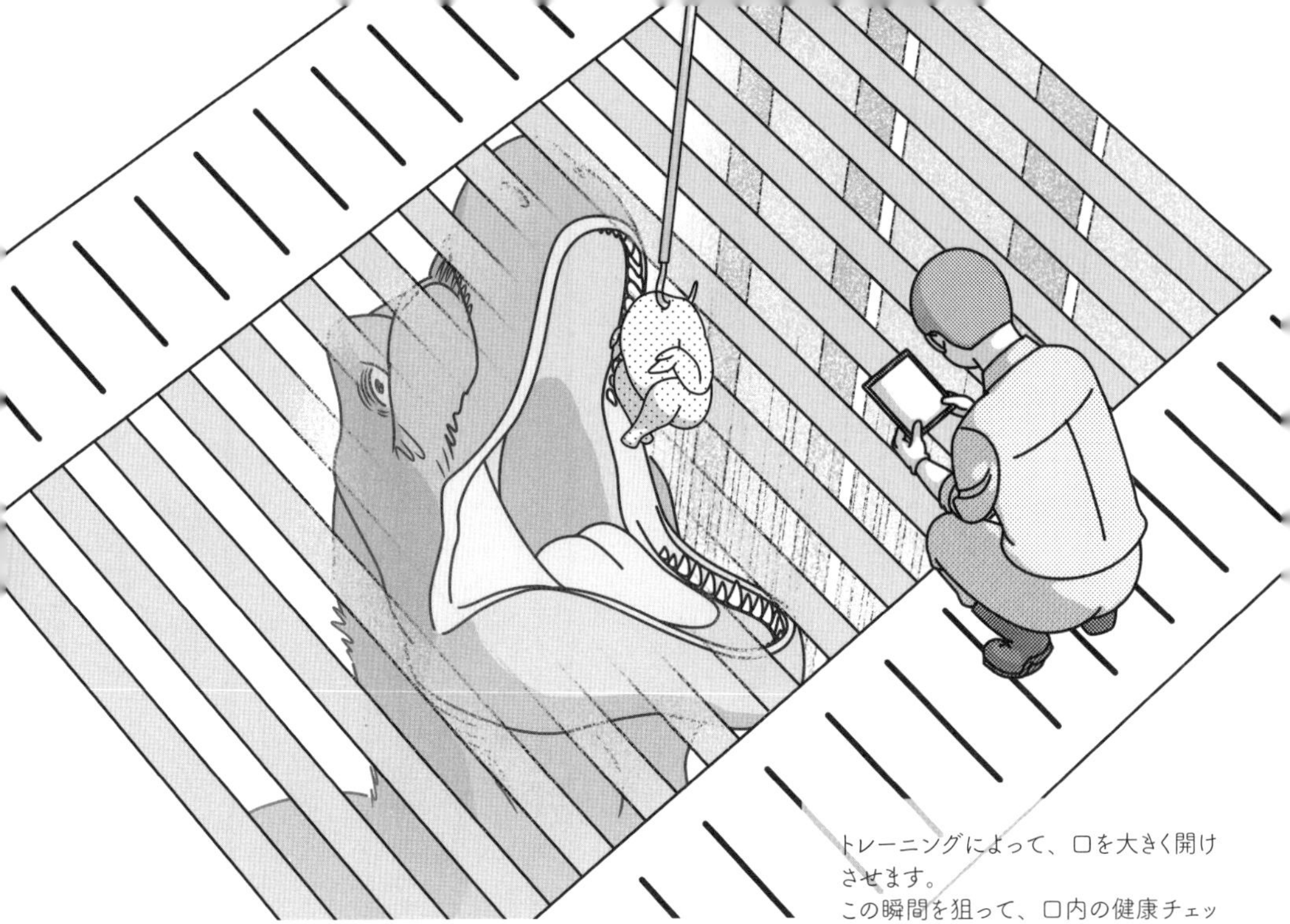

トレーニングによって、口を大きく開けさせます。
この瞬間を狙って、口内の健康チェックがおこなわれます。

部屋が用意されている（※6）。

サブパドックは、屋内展示場の部屋とほぼ同じ広さで非公開。ケガをした個体などの療養のために用意されている。

屋内施設の特徴は、寝室につながる外部通路の広さだ。幅、高さともに4メートルあり、放飼場をメンテナンスするための重機が通ることができる仕様になっている。

なお、メインの餌はシカやウマ、ニワトリの肉を、ティラノサウルス1頭につき36・7キログラム与えている（※7）。

水を含んだ餌で痛風対策

ティラノサウルスの日常は、朝に寝室を出て、スクイズケージ前を通り、放飼場や屋内展示場に向かう。夕方に寝室へと帰ってくる。

餌は、移動先に事前に準備する。

この動物園では、ヤギの脚を骨ごと与えている。来園者に見せる餌やりには、ニワトリの中抜きが用いられる。ティラノサウルスは痛風になりやすいため（※8）、餌となるニワトリの腹部に水分を多く含ませることが大切だ。

屋内展示場は、鉄柵とアクリルガラスで、
万全の安全対策がなされています。

Zone E 水辺ゾーン

　メインエントランスから入ってすぐ右手にあるゾーンです。悩んだら、まずこちらのゾーンから訪問してみるのも良いかもしれません。人気の魚食恐竜 ―― スピノサウルス、日本を代表する巨大ワニ ―― マチカネワニなど、知名度の高い種から、ややマニアックな種まで、水辺を生きる古生物がみなさんを待っています。

- 40 マチカネワニ
- 41 コティロリンクス
- 42 チャンプソサウルス
- 43 ハイファロサウルス
- 44 スピノサウルス

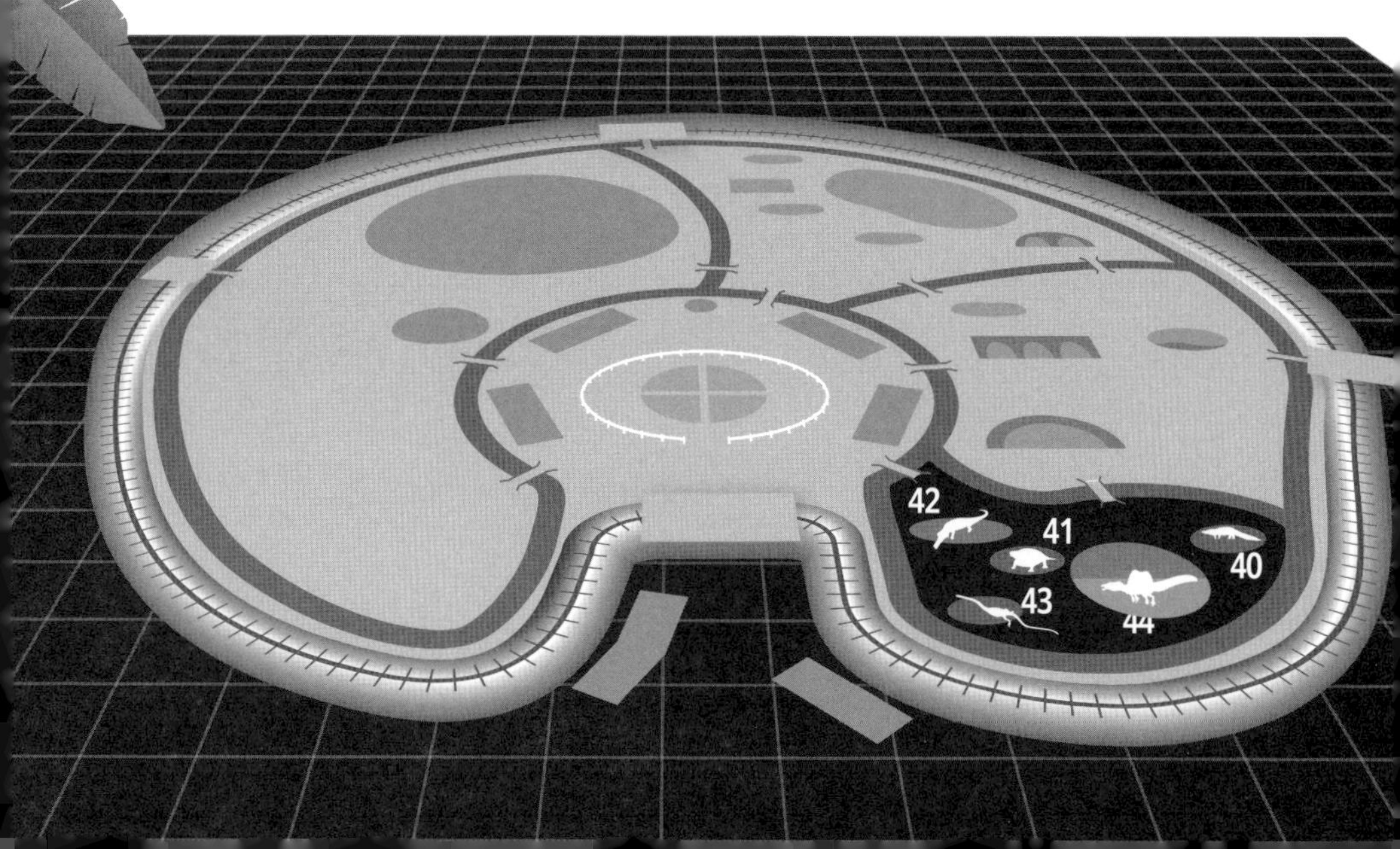

日本を代表する巨大ワニ

マチカネワニ

古生物監修
林 昭次
岡山理科大学

大阪の市街地に〝出現〟することで知られる巨大ワニ。

見た目の割に意外と繊細なので、観覧場所はそれほど広くとれない。

そんな限られたスペースで、いかに来園者に迫力を感じてもらうかが大切なところ。この動物園では、来園者の視線の高さを意識している。

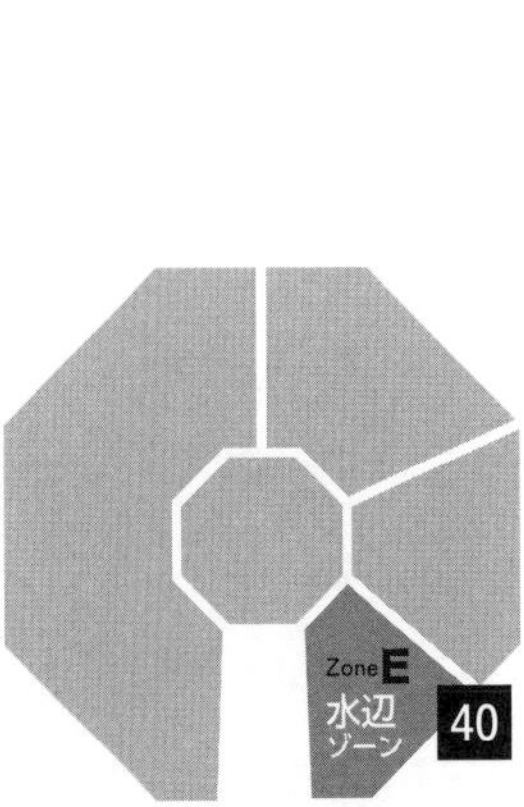

学名：*Toyotamaphimeia machikanensis*
分類：ワニ類
本来の生息時代：新生代第四紀
古生物保護条約カテゴリー「一」
日本を代表する古生物の一つです。

大阪に〝出現〟

よほど寒い日でなければ、冬でも屋外の放飼場で見ることができる巨大ワニがいる。全長は8メートルに近く、吻部は細く長くのびる。背中の鱗がほぼ平らであることも特徴だ。大阪府の市街地に〝出現〟する（※1）ことで知られる。

そのワニの名前は、「トヨタマフィメイア・マチカネンシス」（※2）。和名を、「マチカネワニ」という。

8メートルともなれば、現生ワニ類で「大型」とされるイリエワニをも上回る（※3）。はじめて見る人は、まずその大きさに驚き、そして、恐怖する。

大阪に〝出現〟するマチカネワニはそこまで大きくなく、まだ成長途中の個体であることが多い。発見、通報されると、役所のマチカネワニ対応課の課員がすぐに駆けつける。まず、ガムテープでワニの口をぐるぐる巻きにして（※4）、眼元に布をかける。このように動きを封じたうえで捕獲するのだ。

捕獲されたマチカネワニは、対応課に登録されている動物園に移送される。この動物園ももちろん登録されており、これまでにオスが1頭、メスが2頭、大阪からやってきた。

寒さに強いワニ

マチカネワニの展示は屋外の放飼場のみ。基本的に通年、屋外で飼育する（※5）。

放飼場は、小中学校の教室20個分を大きくこえる広さがある（※6）。半分は土を盛った陸地で（※7）、半分は水を張ったプールだ。

陸地からプールへは、ゆるやかなスロープになっており、プールの水深は深いところで2・5メートルほど。

マチカネワニの観覧場所は2カ所用意されている。プールの側面と、陸地の側面だ。ともに厚めの透明アクリルガラスが張られている。

陸地は、来園者の目線の高さとマチカネワニの目線の高さがほぼ等しくなるようにつくられている。この動物園の独自の工夫である。

マチカネワニを見ることができるのは、アクリルガラスのある一部の場所だけ。それ以外は岩壁を模した壁となっている。来園者の視線が、マチカネワニをあまり刺激しないようにするための構造だ。

放飼場の一部には屋根が設けられ、自動で開閉できるようになっている。これで、放飼場の気温調整がある程度可能となる。真夏に暑すぎないよう、真冬に寒すぎないようにすることが肝心なのだ。

観覧場所から死角となる位置に、鉄製の格子扉が設置されている。扉の向こう側は、教室1個分のサブスペースとなっており、ここにも小さなプールがある。週に1回、このスペースにマチカネワニを追い込んでプールの水を抜き、放飼場全体を掃除する。

体調が悪い個体や、ケンカを始めてしまった個体は、屋内の隔離室に移す。放飼場の4割ほどの広さで、照明と室温の調整ができるようになっている。この動物園には、放飼場と扉越しにつながった2部屋が用意されている。

飼育は簡単？　でも、意外と繊細かも

マチカネワニの飼育には、さほど手間がいらない。

餌は週に1回程度で十分。メニューはニワトリ。羽をむしり、内臓を抜き、頭と足先をはずした鶏肉を丸のままで与える。量は1回につき3羽が基本（※8）。ただし、春から夏にかけての繁殖期では1～2羽増やす。冬は餌を与えない（※9）。

マチカネワニは繊細な性格の個体が多いことで知られており、雌雄ペアで飼育しても、相性によって交尾に至らないことも少なくない。また、ケンカによって順位ができ、弱い個体が餌を食べなくなって衰弱死することもある（※10）。

そのため、3カ月に1度の頻度でおこなう体重測定と健康診断がかかせない。必要に応じて自治体の対応課に連絡し、ほかの動物園などで飼育されている個体との入れ替えを実施している。

古生物監修
奥村よほ子
佐野市葛生化石館

小さな頭にでっぷり胴体

コティロリンクス

コティロリンクスは、愛嬌のある単弓類だ。

全長は3・5メートルとけっして小さくはない。

でっぷりとした胴体と、小さい頭部を特徴とする。

その独特の姿で、ファンを日々増やしている。

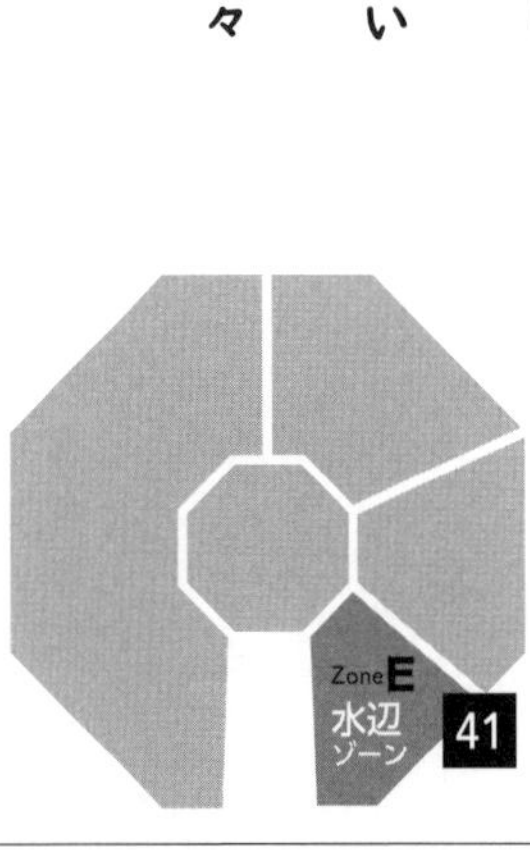

学名：*Cotylorhynchus*
分類：単弓類（″獣弓類″）
本来の生息時代：古生代ペルム紀
古生物保護条約カテゴリー「ー」

プールが好き？

単弓類のコティロリンクス（※1）は、しっかりとした四肢をもちながらも、水中を好む傾向にある。

大きな個体は、全長3・5メートル、体重2トンにまで成長する。なかなかの巨体だ。ただし、頭部の長さはわずか30センチメートルしかない。

タルのような胴体から、細い首がにゅっと出て、その先に小さな頭がある。そんな、どことなくひょうきんで愛嬌のある姿が人気だ。

しかし、そんな姿のため、コティロリンクスは地面の上にあるものを食べたり飲んだりすることがちょっと苦手。大きな胴体が邪魔となり、口が地面まで届かない。

そこで、野生のコティロリンクスは、水を飲むときにはドボンと水の中に入る（※2）。食事はもっぱら灌木の葉を食べる（※3）。

長い尾を使うことで、水中ではそれなりの速さで泳ぐことができるものの、地上における機動力はけっして高くない。捕獲の際には箱罠を設置して、数メートル前から罠の奥にかけて点々と餌台と餌を並べておくと、その餌を食べながらみずから箱罠に入る。

動物園の放飼場は、小中学校の教室3個分の陸地と、同じ広さのプールで構成されている（※4）。陸地とプールの境界付近には少しずつ深くなる傾斜がつくられていて、陸地から最も遠いプールの端の深さは、1・5メートルになる。プールの水は循環式で、常に透き通っている。水温はある程度の調節が可能だ。とくに夏期には水を冷たくして、周囲の気温も少し下げている（※5）。

そのプールの正面と側面に、アクリルガラス越しの観覧場所がある。少し離れた場所には台があって、上からは陸地のようすも見ることもできる。外周は返しの付いた高さ2メートルの鉄柵で囲われ、その外側を植栽が囲む。

この動物園では、オスとメスが1頭ずつ、合計2頭のコティロリンクスが飼育されている。

彼らは、基本的にはプールでゆっくりと泳いでおり、気が向いたら、これもまたゆっくりとした動作で上陸し、陸地に敷かれた砂の上で日向ぼっこをしている。

餌で動きを誘導

観覧場所に近い位置の陸地部分の一角に、高さ50センチ

あえて遠くに餌を放ることで、コティロリンクスに運動を促しています。

メートルほどの擬岩が設置されている。その上に餌台が固定されており、この場所に定期的に葉物野菜、マメ科植物、根菜などを設置する（※6）。

餌やりは、この餌台で2〜3日に1回与え、餌台を使わない日は、プールに投げ入れて与える。餌の位置を変えることで、コティロリンクスに積極的な〝動き〟を促すことができる。冬季には食欲がなくなるので、餌の量そのものを減らす。

プールの掃除は、基本的には餌の残りを拾い集め、週に1度はアクリルガラスを擦る。月に1度は水を抜いてブラシをかける。

3カ月に1度は体重を測定。極端に体重が減っていたら体調不良の可能性があるため、非公開の隔離室へと移動させる。

隔離室は屋内と屋外の二つがある。

どちらの部屋も、基本的には放飼場の小型版だ。ただし、床は掃除のしやすいコンクリート製。プールの水深は、1メートルほどしかない。屋内隔離室は、気温も水温も一定の温度に調整されている。この2部屋は、遠隔操作のできる扉でつながっており、必要に応じてコティロリンクスを屋内から屋外へ、あるいは、屋外から屋内へと移動させている。

古生物監修
松本涼子
神奈川県立
生命の星地球博物館

ワニのようでワニじゃない

チャンプソサウルス

一見すると、ワニに見えるかもしれない。

でも、ワニとはちがう。

「コリストデラ類」だ。

この動物園では、その代表種であるチャンプソサウルスが飼育されている。

近年、恋人たちの注目を集め、グッズさえも制作されている人気ぶりだ。

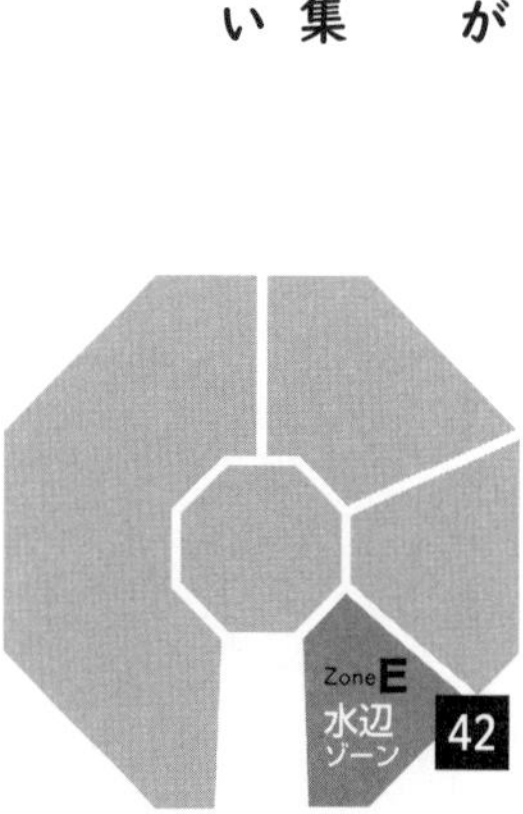

学名：*Champsosaurus*
分類：爬虫類
本来の生息時代：中生代白亜紀・
新生代古第三紀
古生物保護条約カテゴリー「一」

恋人たちに人気

動物園には、来園者の〝層〟ごとに人気のコーナーがある。たとえば、「ふれあい広場」は、小さな子どもたちに人気がある。

そして、恋人たちに人気なのが、「チャンプソサウルス」（※1）のコーナーだ。「ふれあい広場」とは異なり、その人気は動物園側が意図したものではない。ある芸能人が、チャンプソサウルス……というよりは、チャンプソサウルスが属する動物グループ、「コリストデラ類」の特徴に気づき、SNSで発信したところ、人気に火がついたのだ。

コリストデラ類は、一見したところは、ワニとよく似た姿をしている。大きなものでは、全長3・5メートル近くにまで成長するチャンプソサウルスも、ワニ類のガビアルの仲間とよく似ている。

そのため、「古生物を観にきた」という来園者には、当初、あまり評判がよくなかった。

「なんで、古生物の動物園に、ワニがいるの？」

そんな疑問も寄せられたくらい。

しかし、コリストデラ類はワニ類とは別のグループだ（※2）。背中がウロコ（鱗板骨）で覆われていないため、ワニのようにゴツゴツしていないという特徴がある。

そして大きなポイントは、後頭部。よく見るとハート形になっているのである（※3）。

これが「かわいい」と発信されたことをきっかけに、今では多くの恋人たちがチャンプソサウルスのコーナーを訪れている。

通年、同じ場所で

この動物園では、チャンプソサウルスのために、バレーボールのコート6面分の面積のある展示場が二つある（※4）。一つは、屋外。一つは屋内だ。それぞれで、オス1頭、メス2頭が飼育されている。

屋外も屋内も、展示場の半分は陸地、半分はプールとなっている。プールは陸地から離れるほどに深くなるスロープ構造で、最深部は1・5メートルほどの深さがある。

陸地には土が敷かれ、景観用の灌木と、いざというときに展示場を区切るための擬岩が用意されている（※5）。一角には、掃除中にチャンプソサウルスを隔離するために格子扉付きの空間がある。

ハート型の後頭部は、恋人たちに人気です。

屋外展示場の外周部は、高さ1メートル強の鉄柵で囲まれている。鉄柵の上部には返しがあり、チャンプソサウルスが内側から登ることはできない。

プールの1方向はアクリルガラスになっている。ここから中をのぞけば、チャンプソサウルスの目線とほぼ同じくらいの高さから見学できる。迫力満点だ。その後、〝ハート形〟に注目が集まったことをきっかけに、クリスマスとバレンタインのシーズンだけ後頭部をよく見ることができる見学台が設置されることになった。

プールの水は濾過循環式で、透明性が確保されている。加えて、水温もほぼ一定であるため、気温も暑くなりすぎず、寒くなりすぎない。

屋内展示場のつくりは、屋外展示場とほぼ同じだが、屋内なので外周部は柵ではなく、壁だ。天窓が多く、熱と光の制限が容易にできる仕様となっている。チャンプソサウルスは、基本的に熱帯の環境が苦手なので（※6）、高温にならないよう注意する。

屋内展示場でも、オス1頭、メス2頭が飼育されている。

チャンプソサウルスの展示のポイントは、屋外展示場と、屋内展示場で、個体の交流がほぼないことだ。屋外の個体は数年に渡って屋外で飼育され、屋内の個体は屋内で飼育されつづける。飼育場所の交換は、5年以上の間隔をあけている。

チャンプソサウルスをはじめとするコリストデラ類は謎が多く、爬虫類における分類的な位置が不明であるために、出産形式がよくわかっていない。

そのため、自然状態に近い屋外と、温度管理のしやすい屋内で飼育し、出産の形式を探っている。これは、国際自然史保護連合（ＩＵＣＮＨ）が要請する〝実験飼育〟だ。

もちろん、療養用の隔離室も用意されている。バスケットボールのコート1面分の広さで、屋内用と屋外用がある。つくり自体は、屋外展示場や屋内展示場とよく似ているが、床は掃除のしやすいコンクリート製だ（※7）。

首の動きに注意

飼育は比較的簡単で、基本的には週に1回程度の餌やりと簡単な掃除、アクリル面の拭き掃除だけ。プールは、月に1度は水を抜いて掃除する。

餌は、コイを3匹程度が基本。必要に応じて増減する。餌をやるときには注意が必要だ。チャンプソサウルスの首は左右に曲がる（※8）。側方からのアタックに警戒しなければならない。

とくに前方の歯が鋭いので、まずそこに気をつける。厚手のグローブをして、手以外も可能な限り素肌を露出させないようにする。そもそもチャンプソサウルスは歯槽が浅く、噛んだときに歯が折れてしまう可能性があるので、飼育員たちは噛まれないように細心の注意を払っている。

チャンプサウルスの首は、左右には曲がるが、じつは上下にはほとんど曲がらない。そのため、野生個体を捕獲したり、隔離スペースに連れていったりする場合には、ベニヤ板で頭の左右を挟み込み、左右の動きを制限したうえで口をテープでぐるぐる巻きにする（※9）。

そうすれば危険性がほぼなくなるため、そのまま持ちあげて移動させることができる。

なお、野生個体を捕獲する際には、幼体を釣ることもあるらしい。水中にいる幼体は、呼吸のために水面から鼻を出している（※10）ので、その鼻を目印に釣り糸をたらすのだ。

この動物園には、繁殖に成功した場合の設備も用意されている。……とはいっても、バックヤードに幼体用の小さなケージがあるだけだ。一定のサイズになるまでは、そのケージの中で育てる予定である。

クビナガリュウに似た長い首

ハイファロサウルス

古生物監修
松本涼子
神奈川県立生命の星地球博物館

小さな頭と長い首をもつ水棲爬虫類。そう聞くと、多くの古生物ファンは、「クビナガリュウ類」を思い浮かべるだろう。しかし、この動物園で飼育されているのはクビナガリュウ類ではない。

謎の爬虫類として知られる、コリストデラ類の一員だ。

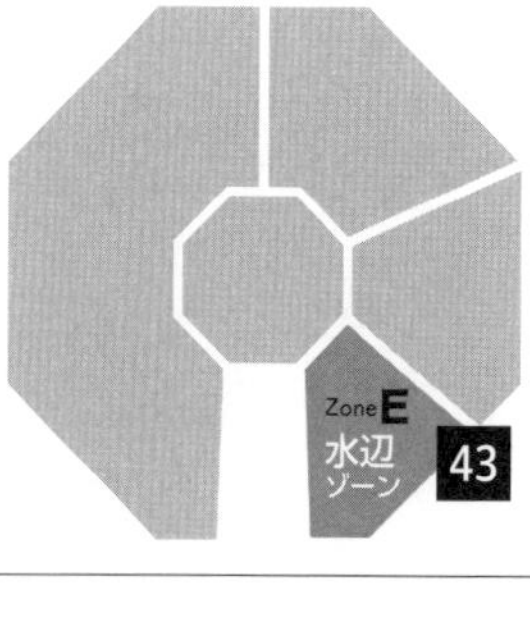

学名：*Hyphalosaurus*
分類：爬虫類
本来の生息時代：中生代白亜紀
古生物保護条約カテゴリー「ー」

長い首のコリストデラ類

広さ10畳ほど、深さ1メートルほどのプールがある（※1）。プールの奥には、1畳ちょっとの陸地があり、その陸地とプールの境にはゆるいスロープが用意されている。

プールの中で飼育されている動物は、大きなもので全長1メートルほど。小さな頭と長い首、ほっそりとした胴体にやや短い四肢。そして、長い尾のある水棲爬虫類だ（※2）。後頭部を見るとハート型になっている。

コリストデラ類の一員、ハイファロサウルスだ（※3）。チャンプソサウルス（250ページ）と同じく、クリスマスやバレンタイデーに注目される古生物である。

今、この屋外展示場ではオス2匹、メス2匹が飼育されている（※4）。

プールの一部はアクリルガラスになっており、来園者はその場所から展示を見ることになる。

プールの内部には、いくつかの岩や、流木などが沈められている。

屋外展示場と並ぶように、ほぼ同じ広さの屋内展示場も用意されている。こちらは、柵ではなく壁で囲まれていて、天窓の付いた天井がある以外は、屋外展示場と同じつくりになっている。ただし、屋内なので、気温と水温の調整と維持が容易だ（※5）。

体調不良の個体などを〝一時避難〟させる隔離室には、幅1・5メートル、奥行きと高さがともに50センチメートルの水槽が4つほど並ぶ。水槽は淡水で満たし、水面には木材を配置して、その上でハイファロサウルスが休めるようになっている。

隔離室は、湿度も温度も日照時間もコントロールできる仕様だ。部屋の外には、屋外展示場の5分の1ほどの大きさの非公開のプールがある。

よく曲がる首に気をつけて

屋外展示場と屋内展示場の個体の交流はない。数年にわたって、それぞれ同じ場所で飼育される。これは、コリストデラ類に共通する飼育方法。国際自然史保護連合（IUCNH）の要請による〝実験飼育〟の側面を反映したものである（※6）。

冷え込むことのある屋外と、温度管理が徹底された屋内で比較して飼育することにより、繁殖や出産の方法を

謎の多い動物なので、
数年にわたって同じ
場所で飼育を続け、
さまざまなデータをとっ
ています。

首がよく曲がるので、健康診断などのときには、
二人がかりでしっかり押さえます。

探っている。

飼育方法はシンプルだ。

餌は、1週間に1度。コイやドジョウ、金魚の稚魚、熱帯魚用のフード（乾燥クリル）などをようすを見ながら与えていく。

掃除も、1週間に1度。このとき、プールの水を抜く。

3カ月に1度は、健康管理のために体重を測る。

体重測定の際は、ハイファロサウルスを捕まえた網ごと体重計にのせる。体重が極端に減っていたり、何らかの異常が確認されたときは（※7）、網からハイファロサウルスを取り出して治療にあたる。

なお、この際、ちょっとした注意が必要となる。

このコリストデラ類は、首が横方向に曲がる（※8）。

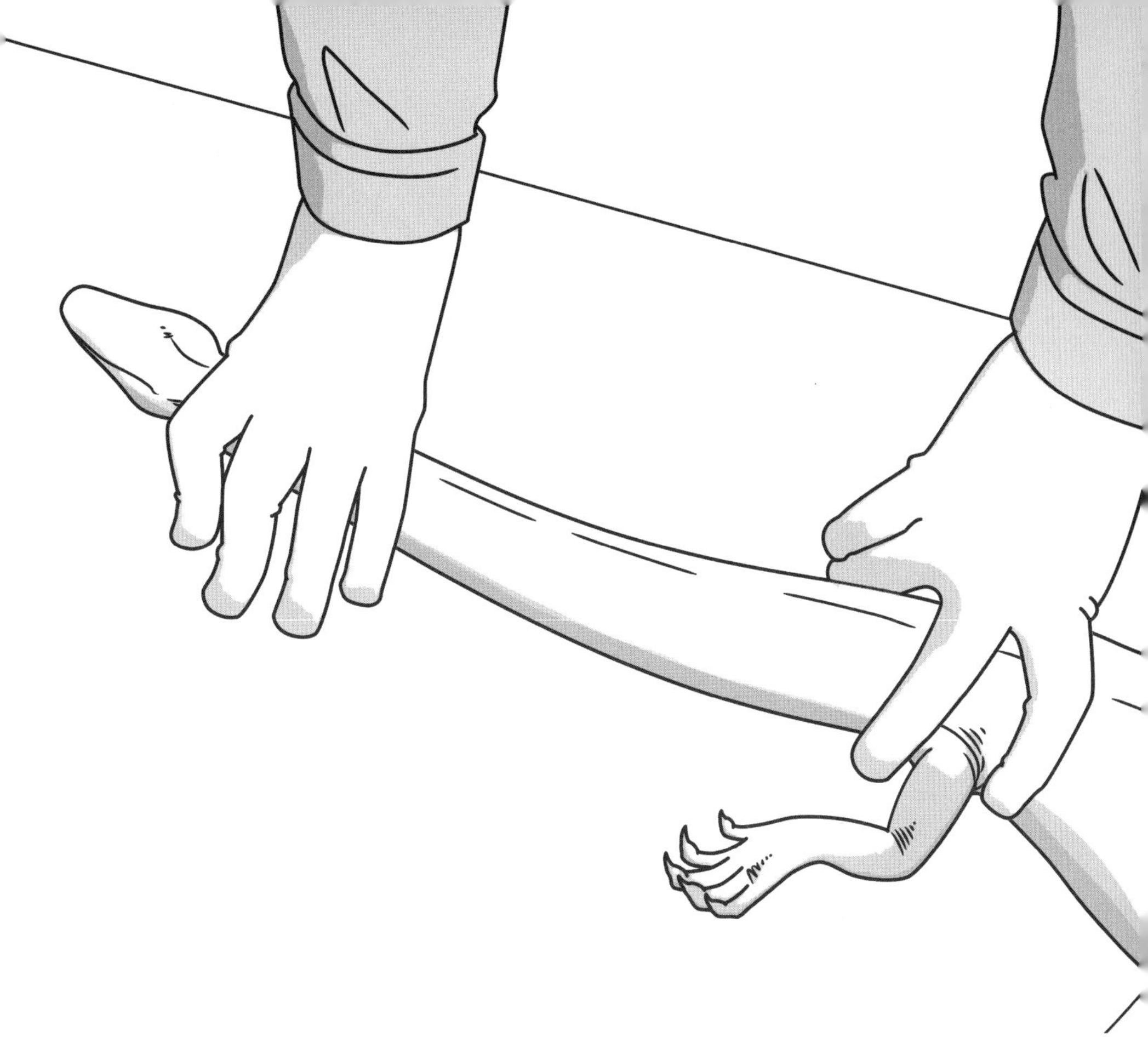

そこで、体を押さえる際は必ず二人がかりでおこなう。噛まれないように、一人は首の根元を親指と人差し指でしっかりと挟む。もう一人は、片手の指と手のひらで肩と前半身を押さえ、もう片方の手で尾を押さえる。肘はしっかりとのばす。もちろん、手には軍手を忘れずに。

　この動物園ではまだ成功していないが、無事繁殖に成功した場合は、発見次第取り上げて、バックヤードの専用水槽に移す予定だ。

大きな帆をもつ〝水棲恐竜〟

スピノサウルス

古生物監修
久保田克博
兵庫県立
人と自然の博物館

一般に、「恐竜類」といえば、陸上の動物だ。

しかし、何にでも例外はつきもの。

スピノサウルスはおもに水の中で生活し、長い尾をくねらせながら、魚を捕まえて食べるのだ。

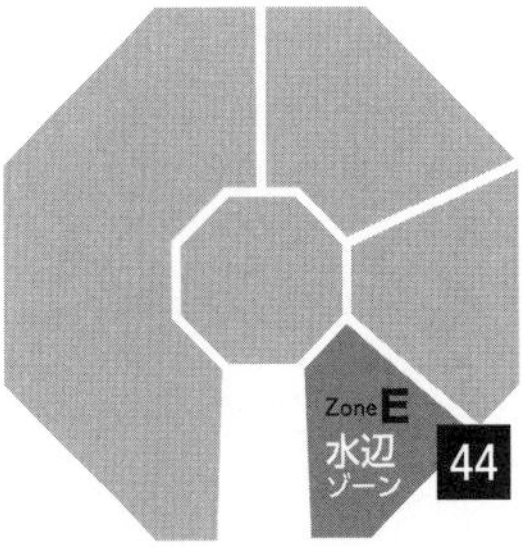

学名：*Spinosaurus*
分類：恐竜類
本来の生息時代：中生代白亜紀
古生物保護条約カテゴリー「一」

大きなプールで泳ぐ恐竜

サッカーフィールド1・5面分という広い放飼場がある（※1）。その半分は、プールだ。陸から遠くなるほど深くなり、最深部の深さは5メートルに達する。

そんな広いプールで泳いでいるのは、全長15メートルに達する巨大な恐竜、スピノサウルス（※2）。背中の大きな帆が特徴で、後ろ脚が短い魚食の恐竜だ。上下に高さのある尾をくねらせながら、ゆっくりとプールを回遊する。数は、オス1頭とメス2頭。合計3頭。

スピノサウルスの生活の中心は水中で、陸にはめったに上がらない。放飼場の半分は陸域だけれども、もし陸地にいるスピノサウルスを見られたとしたら、かなりラッキーだ。基本的に、寝室に移動するときと、泳ぎ疲れて日光浴をするときぐらいしか、陸域を歩かない。

もっとも、陸域を歩くときのスピノサウルスの動きはかなり鈍重だ。ここで飼育されている3頭も、陸域で捕獲されたもの。同種で争ったのか、ケガをして弱っていたところを保護された。口にぐるぐると布を巻きつけて封じ、尾の動きに気をつけながら運搬されてきた。まだ若く、トラック等で運搬できるサイズだったころの話である。

日差しに配慮した観覧施設

スピノサウルスの観覧通路は2階建て。

1階では、分厚いアクリルガラスでできた1メートル幅のトンネル状の通路から、泳ぎ回るスピノサウルスを大迫力で見ることができる。

水中を観察するための観覧通路が屋根付きの屋内施設にある理由は、このアクリルガラスにある。屋外にあると、日差しが反射してしまって、水中のスピノサウルスを見にくい。同じ理由で、観覧通路1階の照明はかなり暗めにつくられている。

2階部分は開放的で、プールの上面と陸域を見ることができる。水面から突き出た帆を見るには2階からの方がいい。

ちなみにプールは温水で、大規模な濾過循環式。つねに水質は一定に維持されている。このプールには、自然環境を再現するためにバタフライフィッシュやエレファントノーズフィッシュ（※3）などが放たれている。スピノサウルスは魚食だけれども、後述の通り餌は別にもらっているため、よほ

スピノサウルスの泳ぎを上からも下からも見ることができます！

どの空腹時でもなければ、めったに食べることはない。

1階と2階の境にあたる部分には、観覧通路から見えないように返しが付いている。そのため、2階の観覧通路にスピノサウルスが近づくことはない。

放飼場は、遠隔操作で油圧式の敷居が内部から迫り出してくる。この動物園ではまだ使用されたことはないが、必要に応じて放飼場を区切ることができる仕様となっている。

放飼場の奥にある壁面には、遠隔操作のできる油圧扉。その先には、スクイズケージ。そしてその先に、寝室、隔離室が用意されている。

スクイズケージは、最大幅3メートルほど。幅が調節できる特殊な部屋だ。基本的に通路の一部としてつくられているが、一面は格子状になっており、動かすことができる。床には体重計が設置されており、前後をリモコン操作できる丈夫な柵で封じることができる。

スクイズケージ内に向かって幅1メートルほどのゆるやかなスロープが用意されており、餌の魚などを1尾単位で送り込むことができる。スクイズケージで健康チェックをした後にこうした〝ごほうび〟が与えられることになっており、スピノサウルスは自発的にこのケージでチェックを受ける。

寝室は、バスケットコート2面強の広さ。その半分は、プールだ。予備を含めて5部屋並んでいる。4部屋の陸域はコンクリートだけれども、残りの1部屋は土が敷かれている。これは、産卵を意識したもの。

各寝室は遠隔操作のできる油圧扉で隣室とつながっており、放飼場に出せない個体がいるときなどに掃除をする場合は、左右の部屋にスピノサウルスを移動させられるようになっている。

魚食がメインとはいえ、普通に人も襲うので（※4）、基本的に飼育員はスピノサウルスと同じ空間に入らない。

隔離室は、基本的には寝室と同じ広さで2部屋用意されている。どちらも非公開で、屋外と屋内の1部屋ずつ。療養などに用いられる。

こんもりした土を探せ

朝になったら、寝室から放飼場に移動する。油圧扉を開ける前に各エリアのプールに餌となる魚を放つため、スピノサウルスたちは自らその場所へ移る。

なお、メインの食事は、夜に寝室で与える。魚のみの場合は31・5キログラム、魚にイカなどを足す場合は12キログラム、用意されている（※5）。

アクリルガラスの汚れを取るために、週に1度の清掃がおこなわれる。これは、民間企業と共同開発した専用のロボットの仕事だ（※6）。

飼育員は、毎朝、寝室からスピノサウルスを出す前に陸域を調べる。土が掘り返された跡および、こんもりと土が盛られた場所があれば、そこに産卵している可能性がある（※7）。スピノサウルスの繁殖はまだ世界のどこの動物園でも成功しておらず、また、野生の巣も未発見だ。そのため、どこでどのように産卵するのか、調査が急がれている。

古生物動物園

ようこそ！ バックヤードツアーへ

ここでは本編の注釈をまとめています。
動物たちのことをもっと深く知りたいそこのあなた。
ここから動物園の〝裏側〟に潜入してみませんか？

始祖鳥 *Archaeopteryx*

1　力強く羽ばたくことがない
始祖鳥の飛翔能力については、さまざまな議論がある。どれほど飛ぶことができたのか？　樹上性なのか？　地上性なのか？　よくわかっていない。「羽ばたき」に必要とされる胸筋が付く「竜骨突起」とよばれる骨が未発達であることから、羽ばたくことができるほどの胸筋はなかったとされ、今回はこちらの説を元にした設定にしている。一方で、2004年にマドリード・コンプルテンセ大学（スペイン）のパトリシオ・ドミンゲス・アロンソたちが発表した研究によって、始祖鳥の脳構造は、現生鳥類と同じように空間把握能力に長けていたことが指摘された。2018年に欧州シンクロトロン放射光研究所（フランス）のデニス・F・A・E・ヴォーテンたちが発表した研究では、始祖鳥の腕の骨は〝思いのほか頑丈〟で、羽ばたきに耐えられたと指摘している。

2　この鳥の名前は「アーケオプテリクス」
学名の「*Archaeo*」には「暁・始まり」といった意味があり、「*pteryx*」には「翼」という意味がある。〝史実〟では、中生代ジュラ紀後期（約1億5000万年前）のドイツに生息していた。化石は、ドイツ南部のゾルンホーフェンからのみ見つかる。古生物監修の田中公教が挙げたモデル生物は、キジとツメバケイ。飼育監修の佐野祐介は、今回の飼育・展示施設を「（天王寺動物園で飼育中の）同じようなサイズのキジたちが聞いたら、苦情が殺到しそうなくらいの高待遇で設計した」と話している。

3　現在ではもっぱら地中海沿岸に生息している
この本の始祖鳥は「化石が見つかったドイツに〝出現〟したものの、現在のドイツは彼らが暮らしていた当時よりも寒冷であるため、温暖な気候の地中海沿岸に南下した」という設定にした。ジュラ紀後期のヨーロッパは、広い面積が水没し、大小の島が点在していた。始祖鳥の化石も水域でできた地層から発見されているが、それは暴風などで飛ばされてきた個体とみられており、本来の生息地についてはよくわかっていない。なお、『*ARCHAEOPTERYX*: The Icon of Evolution』（著：ピーター・ウェルンホーハー，2009

年刊行）では、ある程度乾燥した温暖な内陸が本来の生息地だった可能性に言及している。

4　チャールズ・ダーウィンが『種の起源』で紹介した古生物

『種の起源』の初版が出たのは1859年。その2年後の1861年に始祖鳥が報告された。ダーウィンはこの新発見に敏感に反応し、『種の起源』の改訂版で始祖鳥の記述を取り入れた。

5　ドイツの研究機関だけが飼育の許可を得ていた

実際の始祖鳥の化石も、ほとんどは産出国のドイツで保管されている。

6　針葉樹の植栽がある

『*ARCHAEOPTERYX*: The Icon of Evolution』によると、始祖鳥が本来生息していた地域には、針葉樹がまばらに生えていた可能性があるという。

7　始祖鳥たちの産卵場所だ

産卵場所のようすは『*ARCHAEOPTERYX*: The Icon of Evolution』を元にしている。実際に始祖鳥の巣の化石が発見されている訳ではない。

8　始祖鳥は、もともとある程度の暑さには耐えられる

始祖鳥が生きていたジュラ紀という時代は、ヨーロッパに限らず世界中が温暖だった。

9　交配できるようになるまでは約2年かかる

フロリダ州立大学（アメリカ）のグレゴリー・エリクソンたちが2009年に発表した研究による。骨の断面構造の解析などから、生後300～600日にかけて成長期があり、その後、性成熟したとみられている。

イー　*Yi*

1　イー

学名「*Yi*」は中国語の「翼」を意味する。古生物のなかで最も短い学名である。〝史実〟では、ジュラ紀後期（約6300万年前）の中国に生息していた。

2　恐竜には少なからず、翼をもつものがいる

「翼をもつ恐竜」のグループの一つとしては、まず「鳥類」が挙げられる。しかし非鳥類型の恐竜や、飛行をしない恐竜のなかにも、翼をもつものがいたことがわかっている。

3　そうした翼の多くは、鳥類の翼と同じように羽毛や羽根でできている

羽根が確認されている化石は少ないが、系統関係などから「羽根の翼」をもつ恐竜類は少なくなかったことが指摘されている。

4　屋根の高さは地上から3メートルほどで、広さは13畳といったところ

古生物監修の林昭次が挙げたモデル生物はムササビ。それを元に、飼育監修の佐野祐介が算出した飼育スペースの必要面積は25平方メートル。

5　イーたちはそれほど長い距離を滑空できない

2020年にマウント・マーティ大学（アメリカ）のT・レクサンダー・デケッチたちが発表した研究によると、皮膜で飛ぶタイプの恐竜の飛行能力は、かなり低かったとみられている。

6　空調の管理ができるようになっており

佐野によると、産卵のタイミングには気温の変化が関係している可能性がある。そのことを検証するため、空調を管理できる設定にした。

7　餌は、鶏肉を中心に1回10グラム

千葉謙太郎と高崎竜司の計算による。

メイ　*Mei*

1　ちょっとした森林だ

メイの化石産地は、白亜紀当時は針葉樹が茂る森林地帯だったと考えられている。

2　メイ

〝史実〟では、中生代白亜紀前期（約1億３９９０万〜1億２８００万年前）の中国北東部に生息していた。古生物監修の久保田克博が挙げたモデル生物はダチョウとキジ。加えて、飼育監修の佐野祐介は、ワラビーもイメージして今回の施設を設計した。

3　そこでメイたちは眠ったり、巣をつくったりしている

メイといえば、睡眠姿勢をとる化石がよく知られている。近縁種の分析から「夜行性だったのではないか」との指摘もあり、日中はよく眠っている……という設定にした。

4　餌は、鶏肉を1日に21グラム

千葉謙太郎と高崎竜司の計算による。

5　卵は回収して孵卵室へ

筑波大学の田中康平たちが２０１８年に発表した研究によると、メイと同じトロオドン類（科）の恐竜は、成体が巣で抱卵していた可能性が高いという。イェール大学（アメリカ）のジャスミナ・ウィエマンたちが２０１８年に発表した研究では、その卵は青緑色だった可能性を指摘している。

ミクロラプトル　*Microraptor*

1　ミクロラプトル館の中は、基本的に暗闇だ

カリフォルニア大学ディヴィス校（アメリカ）に所属するラース・シュミッツと藻谷亮介が２０１１年に発表した論文によると、ミクロラプトルの眼は暗視性能に長け、夜行性だった可能性が高いという。一方、北京自然史博物館（中国）の李全国たちが２０１２年に発表した研究では、ミクロラプトルの羽毛は光沢のある黒色で、この光沢を活かすには夜間は不適当であると指摘している。両論あるなかで、本書では前者の夜行性説を採用した。

2　飼育員が手にもった小魚に向けて〜恐竜が飛んでくる

ミクロラプトルの胃の内容物としては、小型哺乳類、鳥類、真骨魚類などが報告されている。

3　ミクロラプトルだ

〝史実〟では、白亜紀前期（約1億４０００万〜1億年前）の中国に生息していた。古生物監修の高崎竜司がモデル生物として挙げたのはタカ。

4　展示場は、窓のない12畳ほどの部屋

飼育監修の佐野祐介の算出によると、飼育スペースには幅3〜4メートル、奥行き5メートルの広さが必要。

5　餌は、小魚や鶏肉を中心に数十～数百グラムを与える

佐野、高崎、千葉謙太郎への取材を元におおまかに設定している。なお、佐野によると、餌は毎日与える必要はないという。今回は、来園者へのサービスとミクロラプトルの運動不足解消を兼ね、毎日〝バードショー〟で餌を与える設定にした。

コエルロサウラヴス　*Coelurosauravus*

1　コエルロサウラヴス

〝史実〟では、ペルム紀末期（約2億6000万～2億5200万年前）のドイツやマダガスカルに生息していた。なお、コエルロサウラヴスの復元の元となった個体は、近年になって「ウェイゲルティサウルス（*Weigeltisaurus*）」という属名に変更された（詳細は拙著『前恐竜時代』も参考にされたい）。本書では従来の知名度などを重視し、「コエルロサウラヴス」の名前と復元を採用している。

2　屋内施設の「コエルロサウラヴス館」だ

古生物監修の林昭次が挙げたモデル生物はトビトカゲ。これを受けて、飼育監修の佐野祐介は「小型爬虫類の定番」の飼育方法を提案した。

3　高さ3メートル、広さ8畳ほどの展示室が3部屋並んでいる。

佐野の算出によると、幅4メートル、奥行き3メートルの広さの展示室が必要になる。

4　餌は、コオロギを中心に～カルシウムも添加する。

今回は生きた昆虫やワームなどを与える設定にしているが、佐野によると、もし食べるようなら爬虫類用のフードに慣れさせるとより飼育しやすくなるという。

ヴォラティコテリウム　*Volaticotherium*

1　ヴォラティコテリウム

〝史実〟では、中生代ジュラ紀後期（約1億6000万年前）の中国・内モンゴル自治区に生息していた。知られている限り最も古い滑空性の哺乳類の一つである。古生物監修の木村由莉が挙げたモデル生物はフクロモモンガ。

2　建物内は～基本的に暗い

化石から、昼行性・夜行性という生態がわかっている訳ではない。しかし、現生の滑空性哺乳類のほとんどが夜行性であることから、ヴォラティコテリウムも夜行性と考えられている。

3　疑木から疑木へとまっすぐ滑空して遊んでいる

ヴォラティコテリウムの体のつくりを分析した研究で、〝滑空性能〟はさほど高くなく、滑空しながら方向転換したり、昆虫を追跡したりすることなどはできなかったと指摘されている。

4　しかし、その後の研究で～「古生物」と断定された

化石種であろうと現生種であろうと、先に名づけられていた種名に統一される決まりがある（先取権の原則）。化石種の発見が現生種に先行した例は、実際にいくつか存在する。

5　すべての個体にマイクロチップを埋め込んでいる

飼育監修の佐野祐介によると、こうしたチップは「自分自身の口や手が届かない位置」に埋め込むのが基本で、肩甲骨の間に埋め込まれることが多いという。サルなど互いに毛づくろいをする動物ではずれてしまう可能性があるというが、ヴォラティコテリウムが同じような社会性をもっていたかは謎である。

6　果物や野菜もバランスよく混ぜる

歯の形から、ヴォラティコテリウムは昆虫食だったとみられている。ただし、佐野によると、歯の形から推測されるより広い食性をもつ種も現在では確認されていることから、今回は植物質を餌に加えている。

ミアキス　*Miacis*

1　ミアキスだ

〝史実〟では、新生代古第三紀始新世（約5600万～3390万年前）のアメリカやヨーロッパに生息していた。最初期の食肉類の一つである。古生物監修の木村由莉が挙げたモデル生物は、イタチとベンガルヤマネコ。

2　〝原始的な肉食哺乳類のグループ〟に属している

ミアキスは、「ミアキス類」とよばれるグループの代表種。このミアキス類が、食肉類の共通祖先グループとされる。

ディプロカウルス　*Diplocaulus*

1　ディプロカウルス

〝史実〟では、古生代石炭紀後期からペルム紀のアメリカに生息していた。古生物監修の松本涼子が挙げたモデル生物はオオサンショウウオ。現生の両生類には系統的にも形態的にも近いものがいないため、「水中生活をする大型の両生類」という視点から挙げたという。

2　両生類だ

現在の地球には、カエルの仲間、アシナシイモリの仲間、サンショウウオの仲間の3グループの両生類が生息しており、まとめて「平滑両生類」とよばれている。かつての地球には、平滑両生類ではない両生類も多く存在し、ディプロカウルスもその一つだった（このあたりに関しては、2021年に上梓した『地球生命 水際の興亡史』も参考にされたい）。学界では「平滑両生類以外は〝両生類〟とよぶべきではない」との意見もあるが、本書では「平滑両生類とその近縁とされる大きなグループ」を便宜上まとめて「両生類」とよんでいる。

3　まるでブーメランのように幅があり厚みのない三角形の頭部をもつ

ディプロカウルスの頭骨は、まさにブーメランのような「く」の字型になっている。復元に関しては、この頭骨の形状をそのまま出す場合と、後頭部に皮膚を付ける場合がある。本書では後者を採用した。

4　この頭部の形状は、成長にともなって〝仕上がった〟もの

ディプロカウルスは、成長過程がわかっている数少ない絶滅両生類の一つ。

5　基本的に水棲だ

複数の資料が、ディプロカウルスが生涯を通じて水棲だったことを指摘している。

6　自然界では、湖沼や渓流に生息し～傾向がある

2014年に刊行された『VERTEBRATE

PALEONTOLOGY』第4版（著：マイケル・J・ベントン）で言及されている「急流域で暮らしていた可能性」にもとづく設定。なお2012年にクイーン・メアリー・ロンドン大学（イギリス）のロバート・J・ニルたちが、ディプロカウルスの独特な形状をした頭部が、水中移動に役立った可能性を指摘している。

7　ディプロカウルスを狙ってディメトロドンが出没することも知られている

ディプロカウルスの化石のなかには、ディメトロドンに襲われてできたとみられる歯形がついているものがある。

8　ディプロカウルスはあまり活発に動かない

『VERTEBRATE PALEONTOLOGY』第4版で言及されている生態にもとづく設定。ただし、ディプロカウルスは泳ぎながら捕食する狩人だったとの見方もあり、生態はよくわかっていない。

スクレロセファルス *Sclerocephalus*

1　スクレロセファルス

〝史実〟では、古生代石炭紀後期〜ペルム紀の前半期にかけてのドイツやチェコにあった湖沼やその周辺に生息していた。現生近縁種が存在しないなか、古生物監修の松本涼子が挙げたモデル生物は〝カイマンのような鼻面をしたオオサンショウウオ〟。飼育監修の佐野祐介は、ワニの情報も参考に展示を設計した。

2　両生類

本書の「両生類」は〝広義の〟両生類である。詳細は「ディプロカウルス」の2（272ページ）を参照。

3　スクレロセファルスの生活の主体は水中にあるからだ

2009年にシュツットガルト州立自然史博物館のライナー・R・ショッホは、スクレロセファルスが泳ぎに適した長い尾をもっていることを指摘した。また、ショッホは2014年刊行の『Amphibian Evolution: The Life of Early Land Vertebrates』で、足跡化石の分析から陸上を移動することが困難だったことを指摘している。このことから、スクレロセファルスは水陸両棲でありながら、水棲の傾向が強いとされる。

4　人工繁殖の成功例はまだない

卵の化石や、頭骨のサイズが11ミリメートル以下の幼体の化石は発見されていない。そのため、今回は「人工繁殖の成功例がない」という設定にしている。

5　水槽では、最近届けられた幼体たちの飼育を進めている

ショッホが2003年に発表した研究によると、頭骨のサイズが22ミリメートル以下の幼体と、それ以上のサイズの亜成体・成体は、生息場所が異なっていたという。また、幼体時は、骨盤などが未発達でほとんど上陸できなかったことが別の研究で指摘されている。そこで、今回は水槽飼育を幼体用に採用した。

6　餌は、体長数センチメートルの段階では〜を生き餌として

スクレロセファルスは、胃の内容物として魚の化石が発見されていることもあり、基本的に魚食とみられている。しかし、幼体のサイズを考えれば、成体と同じものを捕食できた可能性は低く、松本は「幼体は、その頭部に適したサイズの小さな脊椎動物や無脊椎動物などを食べていたのではないか」と指摘した。このことを受け、佐野は数センチメートル程度の小さな幼体にはナマズ用フード、カワエビ、赤虫を、20～30センチメートル程度に成長した個体にはドジョウや小赤金魚などを餌として提案した。

エリオプス *Eryops*

1　エリオプス

〝史実〟では、古生代ペルム紀前期のアメリカやドイツに生息していた。古生物監修の松本涼子が挙げたモデル生物は〝四肢の発達したオオサンショウウオ〟。なお、エリオプスとオオサンショウウオが系統的に近いというわけではなく、プロポーションにも大きな違いがあるが、あくまで「大型の両生類」という共通点において挙げたとのこと。飼育監修の佐野祐介は、さらにワニの情報を参考に加えて展示を設計した。

2　両生類

本書の「両生類」は〝広義の〟両生類である。詳細は「ディプロカウルス」の2（272ページ）を参照。

3　バドミントンコート1・5面分の広さ

佐野の算出によると、水辺の縦横はエリオプスの全長の2倍、陸地はさらにその2倍必要となる。

4　陸域には～人口岩が用意されている

2009年にシュツットガルト州立自然史博物館のライナー・R・ショッホが初期の両生類についてまとめた論文など、複数の資料が、成体のエリオプスの生活の主体は陸地にあった可能性が高いことに言及している。

5　観覧場所以外から展示を見ることはできない

佐野によると、ヒトが近づくことのできるスペースを少なくした方が、繁殖に成功する可能性が高くなるという。

6　夏場に気温が高くなりすぎたときは～薄い布がかけられる

エリオプスが生息していたペルム紀の前半期は、地球が全体的に寒冷な気候だったことで知られている。その点を考えると、日本の〝酷暑の夏〟は彼らにとって過酷かもしれない。

7　内臓を抜いたニワトリなど

内臓がある場合、肉の傷みが早くなり、また各臓器の検査も必要となるため、動物園では内臓を抜いたいわゆる「中抜きの肉」を与えることが一般的であるという。

8　幼体は一定のサイズになるまでは非公開の水槽で育て

2014年刊行の『Amphibian Evolution: The Life of Early Land Vertebrates』（著：ライナー・R・ショッホ）など、複数の文献が、エリオプスの幼体は水の流れのない水域で暮らしていた可能性に言及している。成体になると、ある程度の流れがある水域へ移動したともされる。

カストロカウダ *Castorocauda*

1　入館すると～展示室が広がっている

展示室の広さの設定は、飼育監修の佐野祐介の算出による。

2　カストロカウダだ

学名の表記は。〝史実〟では、中生代ジュラ紀中期（約1億７４００万~1億６４００万年前）の中国・内モンゴル自治区に生息していた。知られている限り最も古い半水半陸棲の哺乳類。厳密にいえば「広義の哺乳類」である「哺乳形類」に分類されており、現生哺乳類と祖先・子孫の関係にはない。古生物監修を担当した国立科学博物館の木村由莉が挙げたモデル生物は、カモノハシとビーバーの〝ハーフ〟。

3　カストロカウダは哺乳類としては珍しい卵生で

カストロカウダをはじめ、中生代のすべての哺乳類の卵化石は未発見である。しかし、現生の哺乳類で最も原始的とされるカモノハシの仲間（単孔類）は卵生であり、カストロカウダはその単孔類よりも原始的とされるため、今回は「卵生」の設定にしている。

4　希少種だけに、生まれた子を欲しがる飼育施設は多い

現実においても、中生代の哺乳類の情報は希少で貴重だ。中生代にさまざまな哺乳類がいたことは化石からわかっている。しかし、そうした化石は断片的で、十分な数があるとはいえない。

5　まずは母による子育てがおこなわれることになっている

母が子に母乳を与えると仮定した設定。なお、哺乳類の「母乳」の起源は、今なおよくわかっていない。しかし、乳房や乳首があったかどうかは別として、古くから乳を与えて子を育てていたという仮説がある。なお、哺乳類の乳の進化について興味をもたれた方は、拙著『恋する化石』を参照いただきたい。

6　ときには、かじるための丸太などを展示場に入れて、ストレス解消を狙う

現生のビーバーの場合、こうした丸太は歯がのび続けないようにする役割も担う。しかしカストロカウダの歯はビーバーのようにのび続けることはなかったとみられており、今回は「ストレス解消」のみを目的として設置している。

プロトケラトプス *Protoceratops*

1　「プロトケラトプス」だ

〝史実〟では、白亜紀後期（約７５００万年前）のモンゴルや中国に生息していた。

2　地面に巣穴を掘って暮らしている

カルガリー大学（アメリカ）のニック・ロングリッチが２０１０年に発表した論文による設定。プロトケラトプスは、日中の強い陽射しを避けるため、土の中に巣穴を掘るなどして眠っていた可能性があるという。プロトケラトプスの化石は保存状態の良いものがかなり多い。巣穴にいたまま死亡したため全身がよく保存された、というわけだ。

3　彼らは夜行性で

2のロングリッチの論文において、プロトケラトプスは体の割に大きな眼をもっており、夜行性だった可能性があると指摘されている。

4　彼らは、少なくとも幼いうちは集団を好む

プロトケラトプスのとくに幼体の化石は、集団で発見されることが多い。

5　館ゾーンに用意されたバスケットボールコートほどの〝窓のない部屋〟

古生物監修の千葉謙太郎が指定したモデル生物はヒツジ。飼育監修の佐野祐介が計算した飼育スペースの必要面積は、1頭当たり40平方メートル。今回は10頭の同時飼育を想定している。

6 〝夜の時間〟は、赤色灯がやさしく点灯する

夜行性の動物を飼育する場合、彼らに認識されにくい赤い照明を使うことが多い。

7 巣穴以外の観覧通路に面した場所には～ワイヤーが張られ、格子状になっている

幼体が逃げないように、ある程度の高さまでは格子を付ける。

8 プロトケラトプスは夜行性だけれども～という指摘がある

獣医師である佐野の見解。

オルニメガロニクス *Ornimegalonyx*

1 オルニメガロニクス

〝史実〟では、新生代第四紀更新世（約258万～1万年前）のキューバに生息していた。古生物監修の田中公教が挙げたモデル生物はカカポとアナホリフクロウ。

2 小動物を狩り、食している光景を見ることがあるという

オルニメガロニクスの化石が発見された地層からは、大型の齧歯類の化石などが発見されている。この状況から、小動物を襲って食べているという設定にした。

3 人間を自分の交尾相手にまちがえる個体もいて～襲いかかってきたりすることもある

現生のカカポにみられる習性を参考にした。

4 夜行性であるオルニメガロニクスは

夜行性の設定は田中による提案。当時のキューバには巨大化したタカの仲間も生息していた。現生のフクロウの仲間が、タカの仲間との競合を避けるように夜行性であることと同様に、かつてのキューバでも、オルニメガロニクスはタカの仲間との競合を避けていたのではないか、という。

5 日中は郊外の洞窟で休んでいることが多い

オルニメガロニクスの化石は、洞窟堆積物から発見されている。

6 雌雄2ペアが飼育されており、そのうちの一ペアが展示されている

飼育監修の佐野祐介によると、昼夜を逆転させた環境で飼育する場合は、成体の方が望ましいという。幼体の場合、紫外線不足の影響が出る可能性があるからだ。

7 展示場の高さは～広さは、14畳といったところ

佐野の算出によると、幅、奥行きともに5メートルの空間が必要となる。

8 ほれられると襲いかかられるので、担当変えとなる

カカポの習性を参考にした田中からの提案。

デイノニクス *Deinonychus*

1 館の中は、テニスコート一面分ほどの広さの部屋が三つ

飼育監修の佐野祐介の算出によると、1頭

あたり250平方メートル以上の広さが必要となる。

2　デイノニクスだ

〝史実〟では、中生代白亜紀なかば（約1億1000万年前）のアメリカの森林地帯で暮らしていた。映画『ジュラシック・パーク』シリーズ、『ジュラシック・ワールド』シリーズの「ラプトル」のモデルとして知られる。カリフォルニア大学ディヴィス校（アメリカ）のラース・シュミッツと藻谷亮介が2011年に発表した恐竜の眼に関する論文によって、近縁のヴェロキラプトル（*Verociraptor*）が夜行性であることが指摘されている。今回は、古生物監修の久保田克博と相談し、この夜行性説をデイノニクスに適用した。久保田が挙げたモデル生物はヒクイドリ。

3　知能が高い

恐竜の知能は、頭蓋骨内の脳のケース（脳函）と体重の比率から推測される。すなわち、体の割に大きな脳をもつものほど賢いとされる。この方法を用いた結果、デイノニクスとその近縁種からなるドロマエオサウルス類（科）というグループは、知能が高かったことがわかっている。

4　デイノニクスは共食いをすることがあるため

かつて、デイノニクスといえば、集団戦法をとる狩人として知られていた。これは、植物食恐竜のテノントサウルス（*Tenontosaurus*）とともに複数のデイノニクスの化石が発見されたことによる。映画『ジュラシック・パーク』シリーズ、『ジュラシック・ワールド』シリーズでも、この仮説が採用された。しかしその後、複数の研究によって集団行動に関しては疑問視され、共食い説も提案されている。今回は、共食い説を採用した。

5　デイノニクスの軍事転用を目指すトレーニングがなされているとか……いないとか

もちろん『ジュラシック・ワールド』を参考にしている。

6　メインの食事は夕方に～1キログラムを与えている

餌の量は、高崎竜司と千葉謙太郎による計算。

パレオカスター　*Palaeocastor*

1　「パレオカスター」という

〝史実〟では、新生代古第三紀漸新世（約3390万～2300万年前）のアメリカに生息していた。古生物監修を担当した木村由莉が挙げたモデル生物は、プレーリードッグとビーバーの〝ハーフ〟。

2　螺旋の管は、パレオカスターの巣だ

実際の巣の化石は、炭酸カルシウムの塊として発見される。発見された当初はいったい何なのかわからなかったが、内部にパレオカスターの化石が含まれていたことで、巣穴の化石であると判明した。砂嵐の際に逃げ込んで、そのまま埋もれてしまった可能性が指摘されている。

3　繊維強化プラスチック（FRP）製だ

繊維強化プラスチックは、軽くて強度が高いという利点がある。

4　屋外展示場の広さは、バドミントンのコートをやや狭くしたくらい

飼育監修の佐野祐介の算出によると、1匹

あたり約10平方メートルの広さが必要となる。

5　日中、暇をもてあましたパレオカスターは、この土を掘ることが多い

実際に「暇つぶし」で巣穴を掘っていたかどうかは別として、木村は、パレオカスターがモグラのような〝地中生活者〟ではなかったと指摘している。地中で生活するとしたら、体のサイズが大きすぎるのだという。巣穴は、あくまでも「寝室」として利用していたとされる。

6　パレオカスターは自分の巣穴以外には入らないので

巣穴の化石は複数発見されているが、1つの巣穴に1匹のパレオカスターしか発見されていない。このことから、1匹ずつ固有の巣穴をもつという設定にした。実際にそうであったかは定かではない。

ケナガマンモス *Mammuthus primigenius*

1　「マムーサス・プリミゲニウス」がいる

〝史実〟では、新生代新第三紀鮮新世末（約３６０万年前）に出現し、約４０００年前まで生存していた長鼻類。古生物監修の北川博道が挙げたモデル生物はゾウ、ユキヒョウ、ホッキョクグマ。

2　長い毛で全身を覆い〜〝耐寒性能〟に優れている

いわゆる「冷凍マンモス」の発見によって、ケナガマンモスは軟組織の情報がわかっている。〝耐寒仕様〟としては、本文で挙げた以外では、耳が小さいことも挙げられる。放熱される表面積を減らしているのである。

3　ケナガマンモスは〝出現〟地域が広く

ケナガマンモスの化石は、ユーラシア大陸北部から北アメリカ大陸に至る広範囲で発見されている。日本でも北海道で産出例がある。

4　数世代を経ると〜毛のない個体が増えていくことがわかったのだ

北川の指摘による設定。化石による証拠が発見されているわけではない。

5　群れからはぐれてしまった〜各保護センターで飼育を進めている

ゾウ類の捕獲に関しては、北川も、飼育監修の佐野祐介も「悩ましい」とした。あまりにも大型の動物であるがゆえに、仮に弱った個体であっても「捕獲には危険をともなう」と佐野は指摘する。そこで今回は、本文で言及した「保護センター」の設定を採用した。

6　学校の体育館約8個分の広さのある放飼場だ

佐野によると、アジアゾウの飼育に必要な面積として、1頭あたり５００平方メートルという値が知られているという。今回はさらに余裕をもって、ケナガマンモス用に1頭あたり８００平方メートル以上の面積が必要と佐野は算出した。

7　目安は〜0℃以上にならないことだ

いわゆる「冷凍マンモス」の化石は、夏季でも氷点下の「永久凍土」から発見されている。本文の地面の温度は、彼らが生きていた時代から現在に至るまで永久凍土がとけていないことを参考に設定した。

8　おもにコスト的な理由で

本書のコンセプトは「予算と面積に制限をつけず」であるが、それにしても「氷期空間」

の維持には膨大なランニングコストが必要となるため、冬季の外気取り込みを佐野は提案した。

9　1日の量は２００キログラムぐらいが目安だが

ケナガマンモスの食事量は、一般に２００〜３００キログラムだったのではないか、と指摘されている。

ケツァルコアトルス *Quetzalcoatlus* & ツパンダクティルス *Tupandactylus*

1　動物園間で、個体の入れ替えがおこなわれている

翼竜類に限らず、動物園でおこなわれる繁殖は、複数の動物園間で個体を入れ替えることで近親交配を避ける。

2　ケツァルコアトルス

“史実”では、白亜紀末期（約７０００万〜６６００万年前）のアメリカに生息していた。

3　ケツァルコアトルスは地上を歩行し、小さな動物を襲うこともある

ポーツマス大学（イギリス）のマーク・P・ウィットンとダレン・ナッシュが２００８年に発表した研究によると、ケツァルコアトルスは地上を歩き回り、小動物を襲っていた可能性があるという。今回は、飛行可能としたうえで、この地上歩行説も採用している。

4　東京ドーム2個分、高さ40メートルほどの金網でできたドームだ

飼育監修の佐野祐介は、天王寺動物園のバードケージをもとに直径３００メートル以上の円形ケージが必要と算出した。なお、東京ドームにおけるホームベースと外野センターまでの長さは１２２メートル。

5　ツパンダクティルス

“史実”では、白亜紀前期（約1億１５００万年前）のブラジルに生息していた。

6　送風量を調節することで〜強い風を送ることができる

レディング大学（イギリス）のクリス・ヴェンディッティたちが２０２０年に発表した研究によると、翼竜類は進化するにつれて、つまり時代が進むに連れて飛行能力を向上させている。しかし、ケツァルコアトルスの属するアズダルコ科は、その例外とされている。彼らが飛行するためには、よほど“良い風”が必要だったのかもしれない。

7　1日2回、丘の頂上付近にある3重の扉をくぐって飼育員がケージ内に入る

飛行動物は、逃してしまうと再捕獲が難しい。そのため、ほかの動物よりも逃亡対策は厳重なものとなる。

ディメトロドン *Dimetrodon*

1　テニスコートよりやや広い展示場が、四つ並んでいる

飼育監修の佐野祐介の算出によると、10メートル四方以上の屋内スペースと、同程度の広さの屋外スペースが必要となる。

2　展示場の端には〜水場がある

ディメトロドンは積極的に泳ぐことはないものの、生息域は水辺であり、水棲種であるディプロカウルス（50ページ）を襲っていた可能性も指摘されている。

3 屋内展示は冷暖房も完備されており～気温調整がおこなわれる

ディメトロドンが生きていた古生代ペルム紀（約2億9900万～2億5200万年前）の前半期は、寒冷な気候だったことが指摘されている。そのため、ディメトロドンは暑さに弱い可能性がある。展示施設にある水場も、そうした暑さ対策を兼ねる、という設定にした。

4 「ディメトロドン」だ

〝史実〟では古生代ペルム紀前半期のアメリカやドイツに生息していた。古生物監修の奥村よほ子が挙げたモデルはコモドオオトカゲ。

5 ディメトロドンは、分類上は「単弓類」に属する

より正確には、単弓類の「スフェナコドン類」とよばれる絶滅グループに属している。このグループは、かつて近縁グループとまとめて「盤竜類」とよばれていた。「盤竜類」は、近年では学術的には用いられることはないものの、慣習的および名として使われることが多い。さらに盤竜類を含む上位グループは、かつて「哺乳類型爬虫類」とよばれていた。それは、かつて「哺乳類は爬虫類から進化した」と考えられていたことも関係している。現在では、爬虫類と哺乳類は祖先・子孫の関係にないことが明らかになっている。また、盤竜類は爬虫類よりは哺乳類に近縁である。以上の理由から、現在では「哺乳類型爬虫類」という単語は使わない傾向にある。

6 ディメトロドンは、この帆を日光に当てて体温を上げ、風に当てて体温を下げる

ディメトロドンには、複数の種が確認されている。少なくともその一部は、背中からのびる骨の中に血管があった可能性が指摘されており、その骨を日光に当てたり、風に当てたりすることで、体温調節をしていたとみられている。

7 ディメトロドンをしっかり見学したければ、冬の開園直後がいちばんいい

フィールド自然史博物館（アメリカ）のK・D・アンジルチェックと、クレアモント・マッケナ・スクリプス・カレッジズ（アメリカ）のL・D・シュミッツが2014年に発表した研究で、ディメトロドンの少なくとも一部の種に関しては、夜目がかなりきいた可能性が指摘されている。今回は「背中の帆に日光を当てて体温調節をする」という特徴を生かすため、完全な夜行性ではなく、「早朝など薄暗い時間帯に活動していた」という設定にしている。

ステゴサウルス *Stegosaurus*

1 ステゴサウルス

〝史実〟では、中生代ジュラ紀後期のアメリカ西部で栄えた。

2 観覧場所から幅3メートルほどの池を挟んだ先に、放飼場が広がっている

古生物監修の林昭次は、モデル生物としてゾウを挙げた。飼育監修の佐野祐介は、ステゴサウルスの活動量はゾウよりも少ないと想定し、飼育場の面積をゾウの3分の1程度にあたる「1頭あたり750平方メートル」と算出している。放飼場にある池は、水深2メートルを想定。ステゴサウルスはさほど泳ぎが得意ではなかったとみられているので、これで脱走を防ぐことができるという。

3 背の板を日光に当てているはず

ステゴサウルスの背中の板（骨板）の表面には、いくつもの細い血管が走っていた。２０１０年と２０１２年に林たちが発表した研究によって、その血管は体内へつながっていたことがわかっている。つまり、骨板を日光に当てることで、血液を通じて体温を高めることができたようだ。また、骨板を風に当てることで体温を下げることも可能だったとみられている。

4　アメリカ北西部に出現した

ステゴサウルスの化石は、アメリカのコロラド州、ユタ州、ワイオミング州などにある「モリソン層」とよばれる地層から産出する。

5　尾の可動域も意外と大きい

ステゴサウルス自体の研究はないものの、近縁種に、胴体のほぼ真横まで尾を曲げることができたとされるものがいる。また、ステゴサウルスの尾のトゲによって、腰の骨に穴があけられたとみられる肉食恐竜アロサウルスの化石が発見されている。

6　1日に必要な食事量は、干し草を20・1キログラム

ステゴサウルスが生きていた中生代ジュラ紀後期には、イネ科の植物はなかった。そのため、餌の候補からはイネ科を除外している。食事量の計算は、千葉謙太郎と高崎竜司の計算による。

7　ステゴサウルスのあごの力は弱いので〜大ケガする可能性は低い

２０１０年に、アルバータ大学（カナダ）のミリアム・レイチェルによって発表された研究によると、ステゴサウルスの噛む力は、前歯付近で１４０ニュートン、中ほどの歯で１８４ニュートン、奥歯でも２７５ニュートンであるという。この値は、ヒトの3分の1しかない。

8　ステゴサウルスは骨髄炎になりやすいことが知られており

２０１4年に林たちが発表した研究によると、調査した20個体のステゴサウルスのうち、２個体が骨髄炎に似た症状をみせていた。骨髄炎は、放っておくと骨の内部を壊死させ、最終的には死に至る。

9　寝室の壁の一面は、縦と斜めの格子が組み合わさった頑丈なつくりになっていて

ゾウの治療などに用いられる「プロテクテッドコントロールウォール」（通称「ＰＣウォール」）のこと。哺乳類の場合は、号令やハンドサインなどでＰＣウォール越しに前脚を出させる（ハズバンダリートレーニング）。佐野によると、ステゴサウルスは哺乳類ほどの精度でコントロールすることは難しいとのこと。ただし、現生の魚の仲間や爬虫類と同じように、餌を特定の場所に配置して誘導するといった単純な誘導と静止は可能ではないかという。

マメンチサウルス *Mamenchisaurus*

1　マメンチサウルス

〝史実〟では、ジュラ紀後期初頭（約1億６０００万年前）の中国南西部に生息していた。

2　その後の世話は一切しない

筑波大学の田中康平たちが２０１８年に発表した研究による。竜脚類の多くは、卵を産みっぱなしにしていたようだ。

3　成体5頭まで飼育できるこの動物園では～鉄柱とワイヤーでつくられた柵が連なる

古生物監修の林昭次がモデルとして挙げた動物はキリン。ただし、あまりにもサイズ感が異なるため、飼育監修の佐野祐介は展示場の広さの最低ラインとして200メートル四方を提案している。川幅の設定は、首の長さを考慮している。

4　屋内施設には、強化ガラス越しに観覧場所が用意されている

屋内施設は、孵卵のために室温を高くした密閉空間にしている。来園者はその外から覗ける設定になっている。

トリケラトプス *Triceratops*

1　トリケラトプスだ

〝史実〟では、中生代白亜紀後期のアメリカ西部で栄えた。

2　放飼場は、バスケットボールのコート5面分よりもさらにひと回り広い

古生物監修の千葉謙太郎は、モデル生物としてサイを挙げた。これを受けて、飼育監修の佐野祐介は、トリケラトプスの活動量はステゴサウルスと同程度と想定し、ステゴサウルスよりも少し広い1頭あたり800平方メートルの面積が必要と算出した。来園者との間にある池は水深2メートルを想定。トリケラトプスはさほど泳ぎが得意ではなかったとみられているので、これで脱走を防ぐことができるという。

3　放飼場の奥には、イチジクなどの落葉樹が植えられている

トリケラトプスの化石を多産するアメリカのヘルクリーク層からは、多くの被子植物の化石が発見されている。

4　大型犬サイズ以下の幼体は、ツノが未発達で、近づいてもさほど危険はない

トリケラトプスは、幼体、亜成体、成体と、各世代の化石が発見されている。このうち、カリフォルニア大学（アメリカ）のマーク・B・グッドウィンたちによって報告された幼体の頭骨は、クチバシからフリルまでの長さが38センチメートルほどで、成体の4分の1の大きさだった。ツノは3・5センチメートルほどの長さしかなく、先は鋭くとがっていない。

5　トリケラトプスの成体は～幼体たちは多いときで十数頭の群れをつくる

ノーザン・イリノイ大学（アメリカ）の、ヨシュア・C・マシューズによって、モンタナ州南東部から幼体だけの集団化石が発見されている。一方で、成体の化石の多くは単独で発見されているため、「幼体は群れで、成体になると単独で行動していた」との見方がある。なお、この傾向はトリケラトプスに限定されるものではなく、角竜類ではしばしば確認されている。

6　成体のオスとメスと、幼体の群れ、それぞれが隔離されるように～が組まれている

レイモンド・M・アルフ古生物学博物館（アメリカ）のアンドリュー・A・ファルケたちによって、頭部に傷を負ったトリケラトプスの化石が報告されている。ファルケたちによると、ツノを使って同種で格闘をしていた証拠とされる。そのため、トリケラトプスを安全に飼育するとしたら、性成熟が始まるよりも前、ツノがツノらしく発達しはじめたら隔離することが望ましいと、千葉は指摘している。

7　餌は、干し草を中心に栄養バランスを考えながら数十～百キログラム以上を用意

食事量の厳密な計算は難しい。恐竜類の食事量は、千葉、高崎竜司、佐野への取材を元にざっくりと設定している。

8　また、放飼場で過ごした日は～おやつを食べている間に健康診断をおこなう

トリケラトプスの知能はさほど高くなかったとみられているが、餌づけによる行動の誘導は可能なのでは、と佐野は指摘している。

ニッポノサウルス　*Nipponosaurus*

1　「ニッポノサウルス」

〝史実〟では、白亜紀後期のなかば（約８５００万年前）に生息していた。2・5メートルほどの幼体の化石は発見されているものの、成体の化石の発見はなく、正確な全長値は不明。

2　この動物園では～サッカーフィールドの半分よりも少し広い放飼場が用意されている

古生物監修の高崎竜司は、モデル生物としてウシを挙げた。これを受けて飼育監修の佐野祐介が算出した飼育に必要な面積は、1頭あたり７５０平方メートル。この動物園では5頭飼育を目指しているので、3750平方メートル以上のスペースが必要となる。

3　基本的には群れで行動しているので、夕方に戻ってくるときも5頭いっしょだ

ちなみにハドロサウルス類は、世代別に行動していた可能性もあるという。

4　寝室の広さは、バスケットボールのコートよりもやや小さめといったところ

佐野が算出した寝室の広さは、「全長×全長×6」平方メートル。今回は、成体の全長を8メートルほどとしている。

5　部屋同士は、70センチメートル間隔の鉄製の縦格子で仕切っている

飼育員は難なく通り抜けられる幅であり、かつ、ニッポノサウルスは通り抜けられない幅である。

アンキロサウルス　*Ankylosaurus*

1　アンキロサウルスだ

〝史実〟では、白亜紀末期（約８３５０万～６６００万年前）のアメリカとカナダに生息していた。古生物監修の林昭次がモデル生物として挙げたのはゾウ。

2　とくに幼いうちは、唯一の武器である尾の棍棒も未発達

アンキロサウルスの背中の〝鎧〟は、成長と共に発達したことが、２０１３年にボン大学（ドイツ）のマルティナ・シュタインや林たちによって指摘された。このときに発表された公式の復元画で、尾の先にある〝骨の棍棒〟も、幼いころは未発達だったと示されている。

3　アンキロサウルスの棍棒の怖さ

林たちの研究によって、〝骨の棍棒〟には、ある程度のかたさがあったことが指摘されている。

4　この動物園では、バスケットボールのコー

ト5面分の放飼場が～用意されており

飼育監修の佐野祐介の算出によると、1頭あたり750平方メートルの広さが必要になる。

5　幼体に関しては、同世代の複数頭を1部屋で飼育することになっている

鎧竜類の例として、ピナコサウルス（*Pinacosaurus*）の幼体の群れの化石が発見されている。少なくとも同世代・同種の鎧竜類は群れを組んでいた可能性があると、林は指摘する。

6　アンキロサウルスの尾は胴体よりも前に届かないので

2009年にアルバータ大学（カナダ）のヴィクトリア・メガン・アルボアが発表した研究を参考にした。アンキロサウルスの仲間の尾は、正面に向けて曲げることはできないとされる。

7　1日に必要な食事量は、干し草を成体の場合で10キログラム以上

食事については、ロイヤル・ティレル古生物博物館（カナダ）のドナルド・M・ヘンダーソンたちが鎧竜類のボレアロペルタ（*Borealopelta*）の化石を分析し、胃の内容物としてシダ植物の葉があることを報告している。

8　噛む力はさほど強くないので、その点は安心できる

林は、鎧竜類の噛む力は、剣竜類と同様にさほど強くなかっただろう、と指摘している。7のボレアロペルタが、選択的にやわらかいシダ植物を食べていたこともこの指摘を裏づける。

9　アンキロサウルスは、幼いうちに自分の体内の骨を溶かして、背の鎧をつくる

2の研究で指摘されている。

デイノケイルス *Deinocheirus*

1　その〝島〟の面積は、サッカーフィールド約3分の2面分

飼育監修の佐野祐介の算出によると、1頭あたり1700平方メートルの広さが必要となる。

2　デイノケイルス

〝史実〟では、中生代白亜紀末期初頭（約7000万年前）のモンゴルに生息していた。古生物監修の久保田克博が挙げたモデルはゾウ。

3　この「長い腕」の化石だけが知られていた

1965年に発見された。「デイノケイルス」は、「恐ろしい腕」という意味である。

4　その後、21世紀の初頭に残りの化石も発見され、今日知られる姿への復元にも成功した

2000年代におこなわれた調査によって追加の標本が発見され、2014年に韓国地質資源研究院のユンナム・イや北海道大学総合博物館の小林快次たちによって論文が発表された。

5　デイノケイルスのごく近縁種には、走り回ることを得意とする小型～中型の恐竜もいる

2014年の論文で、デイノケイルスは「オルニトミモサウルス類」というグループに分類されることが示された。このグループは「ダチョウ恐竜」ともよばれ、現生のダチョウとよく似た姿をしたものが多く、恐竜類のなかでもとくに足が速いことで知られている。

6　捕獲は簡単ではないが、箱罠などに追い込んだのちに、軍の輸送用ヘリコプターなどを使って運搬される

たとえば、シコルスキー・エアクラフト社の輸送ヘリコプター「ＣＨ-５３Ｅ」には、13トン超の積載能力がある。箱罠ごとデイノケイルスを輸送することは十分可能だ。

7　亜成体

２０１４年の論文で、亜成体も報告されている。成体の3分の2ほどのサイズで、成体と同じような帆があったとみられている。

8　夏には、浅瀬で水浴びをするデイノケイルスを見ることもできるだろう

２０１４年の論文で、デイノケイルスは湿地のような不安定な場所でも歩くことができたと指摘されている。

9　来園者は、このアクリルガラス越しにデイノケイルスを見るわけだ

大きな腕は、植物などをかき集めることに使われたとみられており、攻撃用ではなかったとされる。今回は、「来園者に対してふるわれることはほとんどなく、アクリルガラスに傷を付けるようなこともない」という設定にした。

10　干し草が20・9キログラムほど用意されている

餌の量は、千葉謙太郎と高崎竜司による計算。

ガストルニス　*Gastornis*

1　ガストルニス

〝史実〟では、古第三紀暁新世（約６６００万～５６００万年前）のフランスやドイツ、古第三紀始新世（約５６００万～３３９０万年前）のフランス、ドイツ、カナダ、アメリカなどに生息していた。古生物監修の田中公教が挙げたモデル生物はダチョウ。なお、かつて「ディアトリマ（*Diatryma*）」とよばれていた鳥類は、近年ではガストルニスとして扱われていることが多い。本文中の生息地は、ガストルニスとディアトリマのデータを統合したもの。

2　ガストルニスの放飼場は、小中学校の教室を四つ並べ、それをさらにひと回り広くしたくらいの面積

飼育監修の佐野祐介によると、必要な面積は1羽あたり10メートル四方。日本の小中学校の教室は、横幅７～８メートル、前後幅８～９メートルなので、必要面積よりもやや小さい。

3　根菜などを与えている

ガストルニスは、化石が見つかった地層の分析から、ヤシの実などの果実を食べていた可能性がある、と田中は指摘する。あごのつくりもしっかりしていた。

4　寒い季節に産卵した場合は、ヒーターなどを巣の近くに設置する

実際の生息域は亜熱帯の森であるため、寒い気候はさほど得意ではないかもしれない。そのため、ヒーターを設置することにした。

エオヒップス　*Eohippus*

1　エオヒップス

〝史実〟では、新生代古第三紀始新世（約

5600万~3390万年前）のアメリカやメキシコに生息していた。最初期のウマの一つである。古生物監修の木村由莉が挙げたモデルはプーズー。

2　かつて、ウマ類は森林から草原に出て進化を遂げた

ウマ類の進化は、当時、大陸上に拡大してきた草原への適応と考えられている。隠れるところの少ない草原で、ウマ類は「速く駆ける」ことで捕食者たちから逃げ、命をつないできた。

3　エオヒップスの放飼場は、小中学校の教室をひと回り小さくしたくらいの広さ

飼育監修の佐野祐介の算出によると、1頭あたり3メートル四方の広さが必要となる。

4　エオヒップスの歯ではイネ科をすり潰すことができないので注意が必要である

イネ科の草は、「プラントオパール」とよばれる生体鉱物をもっているためにかたい。そのため、食べると歯がすり減る。現生のウマ類の歯はとても長く、多少すり減っても食生活には影響がないようにできている。

5　基本的には、広い部屋で5匹すべてが寝起きする

エオヒップスの集団化石は発見されていない。また、森林で生息していたことからも、現生のウマ類のような大規模な集団をつくっていたとは考えにくいと木村は指摘している。その一方で、被捕食者であり、哺乳類でもあるエオヒップスが単独行動をしていたとも考えにくい。木村によると、家族単位程度の群れをつくっていた可能性はあるという。

6　枠場

動物の体を固定するための木組みや鉄柵のこと。

ディイクトドン *Diictodon*

1　ディイクトドンだ

〝史実〟では、古生代ペルム紀後半期（約2億6500万~2億5200万年前）の南アフリカやザンビア、中国などに生息していた単弓類。イノストランケヴィア（216ページ）と同じ獣弓類に分類されるも、イノストランケヴィアとは異なる「ディキノドン類」とよばれるグループに属する。古生物監修の奥村よほ子が挙げたモデルはホリネズミ。

2　どちらも6畳ほどの広さ

飼育監修の佐野祐介の算出によると、屋外、屋内ともに3メートル四方の展示場が必要となる。

3　南アフリカの荒野に生息し、基本的には家族単位で行動している

南アフリカのカルー盆地では、ディキノドン類の化石が多産する。一定の範囲内に、多数の家族単位の群れが暮らしていたとみられている。

4　瞬間的に素早く動き、逃げていってしまう

瞬間的には、現生のジャックラビットのような加速力があった可能性が指摘されている。

5　彼らは、夜になると巣穴に帰るのだ

ディイクトドンは荒野に巣穴を掘って暮らしていた。巣穴の奥で眠る化石も発見されている。

6　飼育員の判断で、格子越しの餌やり体

験をすることもできる

当初、奥村や筆者は、ディイクトドンを「ふれあい広場」で展示する動物の候補として考えていた。しかし佐野によると、「深い巣穴を掘る」という生態が警戒心の強さに由来している可能性があり、来園者と触れ合うようにするにはハードルが高いという。そのため、今回はふれあい広場の展示には向かないと判断した。

7　中で産卵しているかもしれない

ディイクトドンや、その近縁種の卵の化石が発見されているわけではない。また、彼らは哺乳類の近縁でもあるので、胎生であった可能性も完全には否定できない。しかし、現生哺乳類においても、より原始的とされる単孔類（カモノハシの仲間）は卵生であり、ディイクトドンやその近縁種は、その単孔類よりもさらに原始的な存在である。そこで今回は、卵生の設定にした。

モスコプス　*Moschops*

1　モスコプスだ

〝史実〟では、古生代ペルム紀の後半期のなかば（約2億６０００万年前）のロシアに生息していた単弓類。ディイクトドン（162ページ）やイノストランケヴィア（216ページ）と同じ獣弓類に分類されるものの、彼らとは異なる「ディノケファルス類」とよばれるグループに属する。このグループは植物食性の種で構成されている。古生物監修の奥村よほ子が挙げたモデルは、カバとサイ。

2　この動物園におけるモスコプスの放飼場は～で構成されている

飼育監修の佐野祐介の算出によると、１００平方メートル以上の陸域と、40平方メートル以上のプールが必要となる。

3　モスコプスは、半陸半水棲だ

モスコプスの半陸半水棲の生態に関しては「そういった可能性もある」という程度だが、本書では展示の多様性のために採用している。なお、同時代を生きていたコティロリンクス（246ページ）ほどには水棲適応していない、という設定だ。

4　ちなみにモスコプスは、冬季になると冬眠する習性がある

古生物において、冬眠や夏眠などの生態を推定することは難しい。モスコプスに関しても、「そういった可能性もある」という程度だが、本書では展示の多様性のために採用している。

5　オスとメスがゴリゴリと頭部をつきあわせるようにしていたら、それは繁殖のサインの可能性がある

ウィットウォーターズランド大学（南アフリカ）のジュリアン・ブノワたちが２０１７年に発表した研究では、モスコプスの頭部が厚い骨で保護されていることや、頭骨から背骨に至る構造が〝対衝撃仕様〟であることなどから、頭突きをしていた可能性が指摘されている。本文の描写は、サイの生態を参考にしている。佐野によると、実際のサイの展示では、とくに頭突き対策の工夫はしていないという。そもそも、すべての動物の展示施設が「本気で突進されても破壊されない強度」をもつように設計されているためだ。

エウロパサウルス　*Europasaurus*

1　エウロパサウルス

〝史実〟では、ジュラ紀後期（約1億5000万年前）のドイツに生息していた。古生物監修の林昭次が挙げたモデル生物はキリン。

2　エウロパサウルスの全長は6メートルほどしかない

大型種が多い竜脚類において、全長6メートルというサイズは珍しい。生息場所は、当時、島だったとされる。このことから、祖先が島にやってきたときは大型だったが、進化を重ねて小型化したとみられている。島における大型種から小型種への進化は、ほかのグループの動物にも確認できる。

3　広場の入り口で購入できる専用の餌

こうした専用の餌は、動物園にとって重要な収入源になるという。

4　エウロパサウルスは、名前が示す通りヨーロッパに〝出現〟する

Europasaurus の「*Europa*」の部分が、「ヨーロッパ」に由来。

5　世代の混ざった小規模な群れをつくって行動しているが

林によると、エウロパサウルスは竜脚類においては例外的に「少数を産み、大切に育てる」という繁殖戦略をとっていた可能性があるという。これは「K戦略」とよばれる。なお、多くの竜脚類は子育てには関与せず、基本的には卵も産みっぱなし。こちらは「r戦略」という。

6　干し草を中心に4・2キログラムほどを与える

千葉謙太郎と、高崎竜司の計算による。

プシッタコサウルス *Psittacosaurus*

1　幅2メートルほどの通路を挟んだその先には、バレーボールコート2面分よりもやや大きな面積のスペースが二つ

飼育監修の佐野祐介の算出によると、20メートル四方の広さが必要となる。

2　プシッタコサウルス

〝史実〟では、白亜紀前期（約1億2000万~1億年前）の中国やモンゴル、ロシアなどに生息していた。古生物監修の千葉謙太郎がモデルとして挙げた生物はオウムとヒツジ。佐野は、ヒツジをベースとして施設を設計した。

3　1日に数キログラム用意し、体重を見ながら量を調節する

じつは、食事の大半は夕方に寝室で与える。夕方、自然に寝室に帰るようにするためだ。なお、食事量の厳密な計算は難しい。恐竜類の食事量は、千葉、高崎竜司、佐野への取材を元にざっくりと設定している。

4　そこそこの知能もあることからしつけがしやすい

北京大学（中国）のチャンフー・シュウたちが2007年に発表した研究によると、原始的な角竜類はほかの角竜類と比べて脳が大きく、それ以外の恐竜と比べても大きかったという。

ファルコーネリゾウ *Palaeoloxodon falconeri*

1　バレーボールのコート5面分の広さがある

飼育監修の佐野祐介の算出によると、1頭あたり150平方メートル以上の面積が必要となる。

2　石灰岩の崖

石灰岩の崖は、ファルコーネリゾウの〝故郷〟である地中海の島々でよく見られる風景。

3　高さ1・2メートルほどの柵がある

本来であれば、柵の高さは1メートルで十分。しかし、来園者がのり越えてしまう可能性があるため、佐野は1・2メートルは必要と指摘する。この柵は、どちらかといえば人間対策なのだ。

4　「パレオロクソドン・ファルコーネリ」

〝史実〟では新生代第四紀（約２５８万年前以降）の、シチリア島などの地中海の島々に生息していた長鼻類。「成獣になっても小さいゾウ類」の一つ。島嶼にやってきた大型の動物は、進化するにつれて小型化する傾向があることが知られている。古生物監修の北川博道が挙げたモデル生物は、ゾウやハイラックス。

5　狭い方では1頭のオスの成獣が暮らす

北川によると、島嶼に暮らす哺乳類はセックス・シンボルを発達させる傾向があるという。そのため、ファルコーネリゾウのオスのキバは、メスよりも発達していたと北川は指摘している。なお、佐野は、ムスト期（発情期）のオスは気性が荒くなるため、とくにキバに注意を払いながら飼育する必要があるとしている。

メリテリウム　*Moeritherium*

1　バレーボールコートの3分の2ほどの放飼場が用意されている

飼育監修の佐野祐介の算出によると、メリテリウムの全長の2倍四方程度のプールと、同じ広さの陸地が必要。

2　メリテリウム

〝史実〟では、新生代古第三紀始新世から漸新世（約５６００万～２３００万年前）にかけてのエジプトに生息していた長鼻類。古生物監修の北川博道が挙げたモデル生物は、カバとマレーバク。佐野は、コビトカバの要素を加えて設計をおこなっている。

3　鼻はまったく長くない

長鼻類の鼻は、大型化にともなって発達したと考えられている。なぜなら彼らは歯が重く、頭部が重いからだ。そのため「てこの原理」により、大きくなればなるほど首を短くせざるをえなかった。そして首が短ければ、口を地面や水面に付けづらくなる。この問題を解決する手段が「長い鼻」というわけだ。なお、ゾウの「鼻」と一般的によばれているが、実際には「鼻と上唇」である。

4　長鼻類のなかでは原始的な存在である

メリテリウムよりも古い時代に生息していた長鼻類もいた。ただし、その長鼻類の化石は部分的なもので、全身の姿はわかっていない。メリテリウムは、「全身が復元できる長鼻類」としては最古である。

5　メリテリウムは、多くの時間を水中で過ごす

２００８年にオックスフォード大学（イギリス）のアレクサンダー・G・S・C・リウたちが発表した研究による。歯の化石に対する同位体分析の結果から示唆されている生態で、水生植物を食べていたと指摘されている。

６　根菜や果物を与えすぎると、お腹の調子をくずしてしまうことが少なくない

メリテリウムの長い胴には、長い腸が入っていた可能性があると、北川は指摘している。この指摘を受けて、佐野は草食の傾向が強かったと判断している。一方で、根菜や果物を与えすぎると、腸内細菌によって過発酵が起こり、腸内にガスがたまるなどのリスクがあるという。

マムート・ボルサニ *Mammut borsoni*

１　壁の上からにょきっと細長いキバが顔を出している

放飼場にマムート・ボルサニがいる時間帯は、周囲の通路は、背の高い自動車は通行禁止にした方がいいかもしれない。

２　マムート・ボルサニだ

〝史実〟では、新生代新第三紀（約２３００万〜２５８万年前）にヨーロッパからアジアにかけて生息していた長鼻類。古生物監修の北川博道が挙げたモデル生物はゾウ。

３　放飼場は、サッカーフィールド半面分の広さがある

飼育監修の佐野祐介の算出によると、1頭あたり６００平方メートル以上の広さが必要となる。マムート・ボルサニの体の大きさはナウマンゾウよりも少し大きい程度だが、キバが長いため、ナウマンゾウの放飼場よりも広めになっている。

４　両エリアは遠隔操作で開閉できる油圧式の扉でつながっている

繁殖期に雌雄を同居させるための手段の一つ。

５　段階的により狭い部屋に誘うことで、狭い場所に対する心理的な抵抗感を減らしていく

佐野によると、現生のゾウ類はトレーニングに対して〝嫌な記憶〟をもってしまうと、その後のトレーニングがうまくいかないという。そのため、「狭い通路に閉じ込められる」ことへの心理的な抵抗は早めに取り除かなければならない。

ナウマンゾウ *Palaeoloxodon naumanni*

１　「パレオロクソドン・ナウマンニ」

〝史実〟では、新生代第四紀更新世（約２５８万~1万年前）の日本、中国、朝鮮半島に生息していた。古生物監修の北川博道が挙げたモデル生物はゾウ。

２　都心から郊外までさまざまな場所に〝出現〟し

日本では、北海道から九州までのほぼ全国から化石が発見されている。都心でも、日本橋、池袋、原宿などで産出報告がある。

３　「ナウマンゾウ」の和名で知られている

パレオロクソドン・ナウマンニの「ナウマンニ」や、ナウマンゾウの「ナウマン」は、明治期に来日し、日本における近代地質学の構築に貢献したドイツ人地質学者ハインリッヒ・E・ナウマンにちなむ。

４　５００平方メートルと定められている

飼育監修の佐野祐介によると、アジアゾウの飼育に必要な面積として、1頭あたり５００平方メートルという値が知られているという。今回は、アジアゾウと同等の値を採用している。

5 オスが1頭、メスが2頭で

北川によると、現生のゾウ類と同様に、ナウマンゾウも野生個体はメスを中心とした群れを組んでいたとみられる。ちなみに、雌雄を比較すると、オスの方が体格が大きく、キバが長い。

6 本格的に暑い日や寒い日は、ゾウたちが長時間に渡って放飼場に放たれることはない

ナウマンゾウとともに発見される植物化石から、ナウマンゾウは温帯の落葉広葉樹林や、広葉樹と針葉樹の混ざった針広混交林を好んでいたことがわかっている。基本的には温帯である日本の野外で暮らすことに支障はないと思われるが、現代日本の猛暑や、ときおり訪れる寒波には弱い可能性があると北川は指摘した。

7 餌は、若い個体には1日あたり100キログラムほど

佐野によると、推定体重3・5トンのアジアゾウのメスの場合で、1日の食事量が80キログラムほどであるという。今回はこの値を参考に、少し余裕をもって算出されている。

8 単調さを避けることは、動物たちの飼育環境を整えるうえで大切なことだ

「環境エンリッチメント」とよばれる方策の一つ。動物福祉の立場から、少しでも飼育動物の〝幸福な暮らし〟を実現するためにおこなわれている。

アロサウルス *Allosaurus*

1 バスケットボールのコート6面分の面積のある人工島が三つある

飼育監修の佐野祐介の算出によると、1頭あたり750平方メートルの広さの島が必要。

2 アロサウルスだ

〝史実〟では、ジュラ紀後期（約1億6400万〜1億4500万年前）のアメリカなどに生息していた。古生物監修の久保田克博が挙げたモデル生物は、巨大なワニ。その情報に、佐野はトラのイメージを加えて今回の施設を設計している。

3 オスとメスのお見合いのときに利用される

ユタ・バレー大学（アメリカ）のポール・J・バイビーたちが2006年に発表した研究によると、アロサウルスは10歳ごろから成長期に入り、15歳には年間148キログラムの成長を遂げたという。また、カリフォルニア大学（アメリカ）のアンドリュー・H・リーとサラ・ワーニングが2007年に発表した研究では、成長期初期にあたる10歳には性成熟していたと指摘されている。

4 骨ごと丸のみする

佐野によると、動物園の爬虫類は歯の大きさに関係なく、餌が十分に小さければ骨ごと獲物を丸のみするという。それによって、カルシウムを補っているようだ。

5 なお、メインの餌は〜週に1度の割合で与えている

餌の量は、千葉謙太郎と高崎竜司による計算。なお、佐野によると、餌は毎日与える必要はないという。

イノストランケヴィア *Inostrancevia*

1 イノストランケヴィア

“史実”では、古生代ペルム紀後半期（約2億6500万～2億5200万年前）のロシアに生息していた。ディイクトドン（162ページ）と同じ獣弓類に分類されるものの、ディイクトドンとは異なる「ゴルゴノプス類」とよばれるグループに属する。ゴルゴノプス類は、当時の生態系の頂点にいたとされるグループである。イノストランケヴィアは既知の古生代の陸上肉食動物としては、最大級の大きさを誇る。古生物監修の奥村よほ子が挙げたモデル生物は、「あまり活動的ではないライオン」。

2　二つの放飼場は、それぞれ小中学校の教室ほぼ二つ分の広さで

飼育監修の佐野祐介の算出によると、1頭あたり100平方メートル以上の広さが必要となる。

3　餌は、バラしたニワトリを用意

イノストランケヴィアの頭骨は大きいものの、のちの大型肉食動物たちと比較すると「頑丈さ」が足りなかったとみられている。そのため、餌は食べやすいようにしてある。

アンドリューサルクス *Andrewsarchus*

1　バスケットボールコートほどの広さのある放飼場

飼育監修の佐野祐介の算出によると、150平方メートル以上の広さが必要となる。

2　アンドリューサルクス

“史実”では、新生代古第三紀始新世中ごろ（約4800万～3720万年前）の中国・内モンゴル自治区に生息していた。

3　ロイ・チャップマン・アンドリュース

20世紀前半に活躍したアメリカ自然史博物館中央アジア探検隊モンゴル遠征部隊の指揮官。探検家にして冒険家、古生物学者、考古学者、植物学者、動物学者、地質学者、地勢学者という、多くの専門分野をもつ人物である。恐竜の卵化石をはじめて発見するなど、古生物学関連でも数多くの実績を残している。この恐竜の卵化石の発見につながる調査のため、北京を出発した4月17日を「恐竜の日」とよぶことがある。ちなみに、スティーブン・スピルバーグ監督の映画『インディ・ジョーンズ』シリーズの主人公のモデルともいわれている。

4　知名度が高いにもかかわらず生態は謎に包まれており、学界にもほとんど情報がない

知名度が高く、多くの図鑑に復元画が掲載されていたり、博物館に生態復元模型が展示されていたりするが、じつは頭骨の化石が1個体分発見されているだけである。そのような状況なので、分類に関しても不確かな情報が多い。今回は、便宜上、絶滅した肉食哺乳類グループである「メソニクス類」に属するという仮説を採用している。古生物監修の木村由莉が挙げたモデル生物は、ヒグマ、トラ、ブチハイエナ。

5　モンゴルの荒野をふらふらと歩く個体が確認され

発見されている頭骨は犬歯が発達している。今回はこの犬歯をディスプレイ用と仮定し、この個体をオスとしている。なお、ヒグマに近い生態であれば、オスが群れを組んでいた可能性は低い。また、全長3・5メートルともなれば走り回っていたとは考えにくい、と木村はいう。

6　この動物園が保護と飼育を担当することになった

佐野によると、少なくとも日本の実際の動物園では、このサイズの哺乳類を保護することはないという。

7　エコー

エコーは、全身状態を把握する際に有効とされ、弱っている原因の特定につながる。

8　合図をすれば、格子の隙間から手を出すという

佐野によると、肉食の哺乳類は比較的簡単に餌づけしやすく、野生状態から飼育へもっていけるのではないか、という。

9　現在の個体は、豚骨も好む

頭骨のつくりから、アンドリューサルクスは骨ごと獲物を食べるボーンクラッシャーだった可能性が高い、と木村は指摘している。

スミロドン　*Smilodon*

1　スミロドン

〝史実〟では、新生代新第三紀鮮新世後期（約３６０万～２６０万年前）に出現し、第四紀（約２５８万～1万年前）まで、南北アメリカ大陸で栄えた。俗に「サーベルタイガー」といえば、多くの場合スミロドンを指す。古生物監修の木村由莉が挙げたモデル生物は「集団暮らしをするトラ」。

2　前脚はがっしりと太く

スミロドンのおもな武器は、特徴的な長い犬歯よりも、がっしりとした前脚だったとみられている。

3　カリフォルニア州では、スミロドンを「州の古生物」に認定

実際に、スミロドンはカリフォルニア州の「州の化石」に認定されている。

4　スミロドンは家族で集団をつくる傾向があるため

本書では、スミロドンは「平原で暮らしていた」という説を採用している。近年では「森林で暮らしていた」という説もあり、この説を採用した場合は、むしろ現生のジャガーのように単独行動をしていた方が生態としては〝ふさわしく〟なる可能性があると木村はいう。

5　〝迷いスミロドン〟が保護された場合は～送られることになっている

飼育監修の佐野祐介によると、現在のトラなどの大型肉食獣も、基本的には「動物園間の譲渡」によって動物園にやってくるという。

6　スミロドンの放飼場は、バレーボールコート2面分の広さ

佐野の算出によると、1頭あたり１００平方メートルの広さが必要になる。

7　スミロドンの屋内展示は、閉園間際の来園者の誘導を目的としているのだ

動物園では、まだ明るいうちに掃除を始めるため、閉園時刻よりも前に動物を収容し始めることが多いという。この場合、来園者の誘導が課題となり、本文のように屋内展示など、特定の展示への誘導がおこなわれるようだ。

ティラノサウルス　*Tyrannosaurus*

1　ティラノサウルスだ

〝史実〟では、中生代白亜紀末期（約6800万～6600万年前）のアメリカなどに生息していた。古生物監修の久保田克博が挙げたモデル生物は「超巨大なワニ」。その情報に、飼育監修の佐野祐介はトラのイメージを加えて、今回の施設を設計している。

2　そのあごが噛む力は、アメリカアリゲーターの8倍以上

リヴァプール大学（イギリス）のK・T・ベイツとマンチェスター大学（イギリス）のP・L・フォーキンガムによる計算。2012年に発表された論文によると、ティラノサウルスの噛む力は、平均3万5000ニュートンに達したという。同じ手法で計算された現生のアメリカアリゲーターの噛む力は、4000ニュートンに満たない。

3　アメリカ・カナダ国内の運搬は、輸送ヘリを数機投入しての空輸が中心

たとえば、シコルスキー・エアクラフト社の輸送ヘリコプター「CH-53E」には、13トン超の積載能力がある。こうした大型軍用ヘリコプターを複数機運用すれば、最大で9トン近いとされるティラノサウルスの大型個体であっても、丈夫な箱罠ごと空輸できるだろう。

4　放飼場の広さは、サッカーフィールドより少し広い程度

佐野は、ゾウを基準とし、ティラノサウルスの活動量をその3分の1程度として飼育に必要な面積を見積もった。その値は1頭あたり2000平方メートル。

5　三方を幅10メートル、水深8メートルの池と、返し付きの壁で囲まれている

フロリダ州立大学（アメリカ）のグレゴリー・M・エリクソンたちが2004年に発表した研究によると、ティラノサウルスは10代で急速に成長し、成長期前と成長期後では体格がまったく異なったとされる。若いころのティラノサウルスは走行性であり、それなりにジャンプ力もあったとみられている。「幅10メートル・水深8メートルの池と返し付きの壁」であれば、仮に若い個体のジャンプであっても突破はできず、成長した個体であっても、池の底に足がつかないためにのり越えることはできないと想定した。

6　ティラノサウルスは共食いすることがあるため、1頭に対して1部屋が用意されている

イェール大学（アメリカ）のニコラス・R・ロングリッチは、ティラノサウルスの化石4標本に、大型肉食恐竜のものとみられる歯型の痕跡を確認し、2010年に報告している。状況的に、そんな歯型を残すことができる肉食恐竜はティラノサウルス以外に考えらないため、共食いをしていた証拠とされる。

7　メインの餌はシカやウマ、ニワトリの肉を1頭あたり36・7キログラム与えている

餌の量は、千葉謙太郎と高崎竜司による計算。なお、佐野によると、餌は毎日与える必要はないという。

8　ティラノサウルスは痛風になりやすいため

ノースイースト・オハイオ・関節炎センター（アメリカ）のブルース・M・ロスチャイルドたちは、1997年にティラノサウルスが痛風に悩まされていた可能性を指摘している。なお、佐野によると、じつは現生の肉食性の爬虫類や鳥類にも痛風はよくみられるという。その意味では、肉食恐竜の頂点であるティラノサウルスが痛風に悩まされていたとしてもおかしくはない。

マチカネワニ *Toyotamaphimeia machikanensis*

1　大阪府の市街地に〝出現〟する

マチカネワニの化石は、大阪市待兼山にある大阪大学豊中キャンパスで発見された。周囲には市街地が広がる。

2　「トヨタマフィメイア・マチカネンシス」

〝史実〟では、新生代第四紀更新世のチバニアンなかば（約40万年前）に生息していた。クロコダイル類に属している。古生物監修の林昭次が挙げたモデル生物はイリエワニ。

3　8メートルともなれば、現生ワニ類で「大型」とされるイリエワニをも上回る

イリエワニは、現生ワニ類ではとくに大型とされるが、それでも全長は7メートルほどだ。

4　ガムテープでワニの口をぐるぐる巻きにして

『ワニと恐竜の共存』（小林快次著、北海道大学出版会）によると、マチカネワニの噛む力は1・2トンに達したとされる。一方で、ワニ類のあごの「開く力」は弱いことが知られている。そのため、ワニ類の捕獲に際しては、あごが開かないようにまず口を縛ることが基本とされる。

5　基本的に通年、屋外で飼育する

マチカネワニが生息していたころの大阪は、「涼しい温帯」だったと指摘されている。そのため、マチカネワニは〝寒さに強いワニ類〟だった可能性がある。今回はこの可能性を「設定」として採用した。

6　放飼場は、小中学校の教室20個分を大きくこえる広さがある

飼育監修の佐野祐介の算出によると、1頭につき16メートル四方の水辺、そして水辺と同じ広さの陸地が必要となる。

7　半分は土を盛った陸地で

この土は、1・5メートルほどの厚さと設定した。産卵時に、メスが掘って卵を埋めるようにしてある。

8　量は1回につき3羽が基本

佐野によると、全長3メートルのイリエワニの食事量が1週間に1・5羽程度なので、今回はそれを2倍にしている。

9　冬は餌を与えない

佐野によると、冬は休眠期にあたり、食事を与えても食べることはないという。

10　ケンカによって順位ができ、弱い個体が餌を食べなくなって衰弱死することもある

現生ワニ類の生態を参考にしている。

コティロリンクス *Cotylorhynchus*

1　コティロリンクス

〝史実〟では、古生代ペルム紀のなかば（約2億7000万年前）の北アメリカに生息していた。ディメトロドン（110ページ）と同じ盤竜類に分類されるも、ディメトロドンとは異なる「カセア類」とよばれるグループに属する。古生物監修の奥村よほ子が挙げたモデル生物は「半水棲のカメ」。

2　野生のコティロリンクスは、水を飲むときにはドボンと水の中に入る

ライン・フリードリヒ・ヴィルヘルム大学ボン（ドイツ）のマルクス・ランバーツたちが2016年に発表した研究による設定。ランバーツたちの分析では、コティロリンクスの骨のつくりが現生の水棲哺乳類によく似ていることと、呼吸を助ける〝強力な横隔膜〟をもっていた可能性が指摘されている。

3　食事はもっぱら灌木の葉を食べる

コティロリンクスの歯は、現生のイグアナのものと形が似ていることから、あまりかたくはない植物を主食にしていたとみられている。また、口を地面に接地しにくい体のつくりをしているため、葉食が妥当とされる。

4　放飼場は、小中学校の教室3個分の陸地と、同じ広さのプールで構成されている

飼育監修の佐野祐介の算出によると、1頭につき、幅、奥行がそれぞれコティロリンクスの全長の2倍程度の広さの水辺、そして水辺と同じくらいの広さの陸地が必要となる。なお、この動物園では、3頭まで飼育できるようになっている。

5　夏期には水を冷たくして、周囲の気温も少し下げている

ペルム紀のなかばごろまでは、気候は比較的寒冷だった。現代日本の夏は、コィロリンクスには少し辛いかもしれない。

6　葉物野菜、マメ科植物、根菜などを設置する

一般に、動物園の餌としてはイネ科植物が継続して入手しやすいという利点がある。ただし、歯のつくりから見て、コティロリンクスは口で咀嚼することができなかったとみられているため、今回はかたいイネ科植物は餌からはずした。もっとも、佐野によると、イネ科植物を与えて咀嚼が十分できずに〝雑な消化〟しかできなかったとしても、そうした未消化物は糞として排泄されるという。そのため、極端な体重減少などがみられない限りは、イネ科植物を与えても問題ないとのことだ。

チャンプソサウルス　*Champsosaurus*

1　「チャンプソサウルス」

〝史実〟では、中生代白亜紀後期から新生代古第三紀暁新世にかけての北アメリカに生息していた淡水性の爬虫類。古生物監修の松本涼子が挙げたモデル生物はインドガビアル。現生の両生類に系統的に近いものがいないなかで、頭骨の形と体のサイズに注目して挙げたという。

2　コリストデラ類はワニ類とは別のグループだ

コリストデラ類は、爬虫類の系統の基部に位置することはわかっているものの、形態が特殊化しているため、それ以上の系統的な位置づけはよくわかっていない。

3　大きなポイントは、後頭部。よく見るとハート型になっているのである

ほかに、コリストデラ類には口蓋に小さな歯が並んでいるという特徴もある。

4　バレーボールのコート6面分の面積のある展示場が二つある

飼育監修の佐野祐介の算出によると、縦横の長さがチャンプソサウルスの全長の2倍の水辺、そして水辺と同じくらいの広さの陸地が必要となる。

5　いざというときに展示場を区切るための擬岩が用意されている

展示個体のなかで優劣が生まれ、大きな体格差が発生したときの場合の対応。区切ることで、各個体の餌量や行動を確保する。なお、この展示では、プール内の区切りにはネットを使用する設定にしてある。

6　チャンプソサウルスは、基本的に熱帯の環境が苦手なので

コリストデラ類の化石の多くは、温帯から発見されている。乾燥帯や熱帯からの産出報告はほとんどない。そのため、比較的涼しい環境を好んでいたとみられている。これも、熱帯を好むワニ類とは異なる点だ。

7　床は掃除のしやすいコンクリート製だ

この場合、コンクリートはいわゆる「打ちっぱなし」ではなく、塗装や加工などによって動物が皮膚を傷めない仕様となっている。

8　チャンプソサウルスの首は左右に曲がる

２０２１年に松本たちが発表した研究によると、チャンプソサウルスの首は背屈には適していないものの、側屈には適していたという。

9　口をテープでぐるぐる巻きにする

ワニ類の捕獲方法の基本「まず口を封じる」を、チャンプソサウルスにも適用した。

10　水中にいる際は、呼吸のために水面から鼻を出している

ミネソタ科学博物館（アメリカ）のブルース・R・エリクソンが１９８５年に発表した論文にもとづいた設定。この論文では、チャンプソサウルスが長い吻部をシュノーケルのように使っていた可能性が指摘されている。

ハイファロサウルス　*Hyphalosaurus*

1　広さ10畳ほど、深さ1メートルほどのプールがある

飼育監修の佐野祐介の算出によると、幅３メートル、奥行き5メートルほどの水辺が必要で、狭くてもいいので陸地もあった方がよいとのこと。

2　水棲爬虫類だ

古生物監修の松本涼子によると、ハイファロサウルスの四肢は陸を歩き回ることに適していないという。そのため、3でモデル生物に挙げているミズオオトカゲよりも水中にいる時間が長いと考えられている。

3　ハイファロサウルスだ

〝史実〟では、中生代白亜紀前期の中国に生息していた淡水性の爬虫類。250ページのチャンプソサウルスと同じコリストデラ類に属するが、体は小さく、首が長いという特徴がある。松本が挙げたモデル生物はミズオオトカゲ。現生の両生類に系統的に近いものがいないなかで、「水棲」という生態とサイズに注目して挙げたという。なお、ミズオオトカゲの脊椎数は9個。これに対しハイファロサウルスは21個または26個であり、大きく異なる。ただし、ミズオオトカゲの首は現生のほかの水棲生物（ウミイグアナなど）と比べるとほっそりしており、尾も細長い。体をくねらせて尾をオールのように動かして泳いでいるその姿が、想定されるハイファロサウルスの動きに近いという。

4　オス2匹、メス2匹が飼育されている
ハイファロサウルスの化石は、しばしば数匹単位でまとまって発見されている。

5　気温と水温の調整と維持が容易だ
化石の産地から、ハイファロサウルスは温帯に生息し、ある程度の寒さには耐えられたとみられている。一方で、コリストデラ類に共通する生態として、熱帯や乾燥した気候は苦手だったようだ。

6　〝実験飼育〟の側面を反映したものである
今回、屋外と屋内の2種の展示スペースを設けたのは、温度管理によってコリストデラ類の出産形式を研究してみたいという松本の希望によるもの。これはチャンプソサウルスと同じ設定だ。

7　何らかの異常が確認されたときは
佐野によると、ケンカをしているように見えなくても、いつの間にか群れのなかで順位がついて、下位の個体が衰弱していることがあるという。

8　首が横方向に曲がる
化石の産出状況にもとづく、松本の推察。

スピノサウルス　*Spinosaurus*

1　サッカーフィールド1・5面分という広い放飼場がある
飼育監修の佐野祐介の算出によると、スピノサウルスの全長の2・5〜3倍程度の幅と奥行きがある陸地と、同じくらいの広さのプールが必要となる。

2　スピノサウルス
〝史実〟では、中生代白亜紀なかば（約1億年前）のアフリカ北部に生息していた。本書執筆時点で、スピノサウルスには〝四足歩行で水棲説〟と〝二足歩行で（水辺付近の）陸棲説〟がある。今回は前者を採用して、各種設定をおこなっている。古生物監修の久保田克博が挙げたモデル生物はワニ。デトロイト・マーシー大学（アメリカ）のニザール・イブラヒムたちが2014年と2020年に発表した〝水棲説〟の論文では、四足歩行で、幅のある尾をもち、生活の主体が水中にあったことが指摘されている。

3　バタフライフィッシュやエレファントノーズフィッシュ
ともに現在のナイル川に生息する魚。

4　魚食がメインとはいえ、普通に人も襲うので
スピノサウルスは、魚だけではなく、翼竜類や恐竜類も襲っていたとみられている。「魚食特化」ではなかったようだ。

5　魚のみの場合は〜用意されている
餌の量は、千葉謙太郎と高崎竜司による計算。

6　民間企業と共同開発した専用のロボットの仕事だ
佐野によると、プールの規模が大きいため、潜水しながら水槽の掃除をすると飼育員への負担が大きいという。ぜひとも専用のロボットが欲しいとのことだ。

7　土が掘り返された跡および〜そこに産卵している可能性がある
佐野の提案による設定。ワニの例を参考にしている。

おわりに

古生物を飼育する。

そのためには、何が必要か。

「はじめに」で触れた「IUCNH」「国際古生物保護条約」などの〝設定〟のもと、「予算と面積の上限は解除して」設計・運営されている「古生物動物園」。お楽しみいただけましたでしょうか?

ちなみに、この動物園。かなり広いので、1日ですべてを見て回ることは不可能です。ぜひ、リアルに実現できたその時は、園内あるいは園の近郊につくられたホテルに宿泊しながら、至福の日々を過ごされてください。

マイケル・クライトンの名作『ジュラシック・パーク』に始まる一連のシリーズを挙げるまでもなく、「古生物を飼育する」は、〝伝統的にソソるテーマ〟でしょう。本企画では、古生物学の専門家と動物園飼育の専門家の力を借りることで、このテーマに挑みました。

企画上、〝科学的な遊び心〟におつきあいいただくということもあり、同様の性質をもつ『古生物食堂』の研究者チームのみなさんに再びご協力をいただきました。岡山理科大学の林昭次さん（恐竜類、翼竜類、ワニ類）、千葉謙太郎さん（恐竜類）、カナダ・トロント大学の高崎竜司さん（恐竜類）、国立科学博物館の木村由莉さん（哺乳類）、兵庫県立人と自然の博物館の久保田克博さん（恐竜類）と田中公教さん（鳥類）は、『古生物食堂』からのメンバーです。加えて、神奈川県立生命の星・地球博物館の松本涼子さん（両生類）、佐野市葛生化石館の奥村よほ子さん（ペルム紀の単弓類）、日本長鼻類化石研究所の北川博道さん（長鼻類）にも加わっていただきました。みなさんには、さまざまな企画を通じてお世話になっており、本企画でもお力を拝借した次第です。また、動物園の専門家として、獣医師の佐野祐介さんは、林さんにご紹介いただきました。

　みなさん、お忙しいところにご協力いただきまして、本当にありがとうございます。コロナ禍の中で取材に応じていただき、感謝いたします。

　取材を通して、古生物関係のみなさんには、「せっかく動物飼育の専門家とタッグを組んでいるので、あなたの〝推しの古生物〟の飼育方法を探ってみませんか？」と無茶振りをして、みなさんに「これを！」という種を挙げていただきました。

　作中のイーは林さん、メイは久保田さん、ミクロラプトルは高崎さん、オルニメガロニクスは田中さん、パレオカスターは木村さん、モスコプスは奥村さん、プシッタコサウルスは千葉さん、マムート・ボルサニは北川さん、ハイファロサウルスは松本さんの〝推し〟です。筆者の問いかけに際し、「ならば、この子をぜひ！」という方もいれば、「いっぱいいて悩んじゃいますねー」といいながら選んでいただいた方もいました。みなさんの古生物愛に感動です。

　イラストは、『古生物食堂』を担当いただいた、漫画家の黒丸さんが原案となりました。誰もみたことがない「古生物の飼育施設と飼育風景」という難題を見事に描いていただきました。パルシイ＆コミックＤＡＹＳで『東京サラダボウル』、スピリッツで『クロサギ再起動』と連載を抱えながら、かくも愛らしい古生物たちを描いていただき、本当にありがとうございます。その原案をもとに、妻（土屋香）が描きあげたものが本書のイラストになります。

　この強力な陣営に加え、『古生物食堂』のスタッフで進めました。デザインは、ＷＳＢ ｉｎｃ．の横山明彦さん、編集は伊藤あずささんと、技術評論社の大倉誠二さん。妻には、執筆段階でさまざまな助言ももらいました。多くの人々の力が集まり、この1冊となっています。

　最後になりましたが、本書を手にとっていただき、ここまで読んでいただいたあなたに、心の底から感謝いたします。ありがとうございます。

　ようやくコロナ禍の先が見え始めた感があります。動物園や博物館を訪問する機会も増えていくことでしょう。そうしたときに、ちろっと本書を思い出していただけると幸いです。

　なお、『古生物水族館のつくり方』も同時期刊行予定です。ぜひ、あわせてお楽しみください。

サイエンスライター　土屋　健

《特別展図録》

『恐竜 2009ー砂漠の奇跡』2009年，幕張メッセ

『太古の哺乳類展』2014年，国立科学博物館

『マンモス「YUKA」』2013年，パシフィコ横浜

《プレスリリース》

体の骨を溶かして鎧を作った恐竜，大阪市立自然史歴史博物館，2013年7月25日

巨大オルニトミモサウルス類デイノケイルス・ミリフィクスの長年の謎を解決，北海道大学，2014年10月23日

《WER サイト》

厚生労働省，https://www.mhlw.go.jp/

国際自然保護連合日本委員会，http://www.iucn.jp/

国土交通省，https://www.mlit.go.jp/

子育ての証拠、プロトケラトプスの巣，NATIONAL GEOGRAPHIC，2011年11月29日，https://natgeo.nikkeibp.co.jp/nng/article/news/14/5274/

埼玉スタジアム 2002，https://www.stadium2002.com/

市民 ZOO ネットワーク，http://www.zoo-net.org/

絶滅寸前のスマトラサイを保護、繁殖に期待，NATIONAL GEOGRAPHIC，2018年12月3日，https://natgeo.nikkeibp.co.jp/atcl/news/18/113000524/?P=1

Giant lizards learnt to fly over millions of years, University of Reading, 2020年10月28日，https://archive.reading.ac.uk/news-events/2020/October/pr849939.html

JFA.jp，http://www.jfa.jp/

PC ウォールを使ったアジアゾウのトレーニング，東京ズーネット，2013年9月27日，https://www.tokyo-zoo.net/topic/topics_detail?kind=news&inst=tama&link_num=21827

This dinosaur may have shed its feathers like modern songbirds, ScienceNews, 2020年7月16日，https://www.sciencenews.org/article/microraptor-dinosaur-fossil-molting-feathers-songbirds

TOKYO DOME CITY，https://www.tokyo-dome.co.jp/

WWF ジャパン，https://www.wwf.or.jp/

《学術論文》

阿部 永，2003，カワネズミの捕獲，生息環境および報告，哺乳類科学，43(1)，p51-65

岸本真弓，2002，フィールドにおける野生動物捕獲の心構えと実際，日本野生動物医学会誌，7 (1)，p31-37

甲能直樹，2013，ゾウの仲間は水の中で進化した !?，豊橋市自然史博物館研報，no.23，p55-63

実吉玄貴，三嶋晋平，ヒシグジャウ・ツォクトバートル，ブーヴェイ・マインバヤル，2017，成長に伴う *Protoceratops andrewsi* 頭蓋骨の形態変化，Naturalistae，21，p1-6

馬場 稔，1988，ムササビの捕獲法，哺乳類科学，28(1)，p122-126

Alexander G. S. C.，Liu Erik R. Seiffert and Elwyn L. Simons，2008，Stable isotope evidence for an amphibious phase in early proboscidean evolution，PNAS，vol.105，no.15，p5786-5791

Andrew A. Farke，Ewan D. S. Wolff，Darren H. Tanke，2009，Evidence of Combat in *Triceratops*. PLoS ONE 4(1): e4252. doi:10.1371/journal.pone.0004252

Andrew H. Lee，Sarah Werning，2008，Sexual maturity in growing dinosaurs does not fit reptilian growth models, PNAS，vol.105，no.2，p582-587

A. R. I. Cruickshank，1973，The Mode of Life of gorgonopsians, Palaeont. afr., 15, p65-67

Asier Larramendi，2016，Shoulder height，body mass，and shape of proboscideans. Acta Palaeontologica Polonica, 61(3)，p537–574.

Bruce M. Rothschild，Darren Tanke，Ken Carpenter，1997，*Tyrannosaurs* suffered from gout，Nature，vol.387，p367

もっと詳しく知りたい読者のための参考資料

本書を執筆するにあたり、とくに参考にした主要な文献は次の通り。
※本書に登場する年代値は、とくに断りのないかぎり,
International Commission on Stratigraphy, 2023/6, INTERNATIONAL STRATIGRAPHIC CHART
を使用している。

※なお、本文中で紹介されている論文等の執筆者の所属は、とくに言及がない限り、その論文の発表時点のものであり、必ずしも現在の所属ではない点に注意されたい。

《一般書籍》

『おっぱいの進化史』著:浦島 匡, 並木美砂子, 福田健二, 2017年刊行, 技術評論社
『学名で楽しむ恐竜・古生物』監修:芝原暁彦, 著:土屋 健, 絵:谷村 諒, 2020年刊行, イースト・プレス
『化石ドラマチック』監修:芝原暁彦, 著:土屋 健, 絵:ツク之助, 2020年刊行, イースト・プレス
『化石になりたい』監修:前田晴良, 著:土屋 健, 2018年刊行, 技術評論社
『カモノハシの博物誌』著:浅原正和, 2020年刊行, 技術評論社
『カラー図解 古生物たちの不思議な世界』協力:田中源吾, 著:土屋 健, 2017年刊行, 講談社
『キャラとモノの基本スケール図鑑　パブリック編』編著:ユニバーサル・パブリシング, 2012年刊行, グラフィック社
『恐竜』著:デイヴィット・ノーマン, 1988年刊行, 平凡社
『恐竜学入門』著:David E. Fastovsky, David B. Weishampel, 2015年刊行, 東京化学同人
『恐竜・古生物ビフォーアフター』監修:群馬県立自然史博物館, 著:土屋 健, 2019年刊行, イースト・プレス
『恐竜時代I』著:小林快次, 2012年刊行, 岩波書店
『恐竜の教科書』著:ダレン・ナイシュ, ポール・バレット, 2019年刊行, 創元社
『巨大絶滅動物　マチカネワニ化石』著:小林快次, 江口太郎, 2010年刊行, 大阪大学出版会
『軍用ヘリコプター事典』編:J ウィング編集部, 2019年刊行, イカロス出版
『ジュラ紀の生物』監修:群馬県立自然史博物館, 著:土屋 健, 2015年刊行, 技術評論社
『新版 図説 種の起源』著:チャールズ・ダーウィン, 1997年刊行, 東京書籍
『生命と地球の進化アトラスII』著:ドゥーガル・ディクソン, 2003年刊行, 朝倉書店
『前恐竜時代』監修:佐野市葛生化石館, 著:土屋 健, 2022年刊行, ブックマン社
『地球生命 水際の興亡史』監修:松本涼子, 小林快次, 田中嘉寛, 著:土屋 健, 2021年刊行, 技術評論社
『ティラノサウルスはすごい』監修:小林快次, 著:土屋 健, 2015年刊行, 文藝春秋
『動物園のひみつ』著:森 由民, 2014年刊行, PHP 研究所
『白亜紀の生物　上巻』監修:群馬県立自然史博物館, 著:土屋 健, 2015年刊行, 技術評論社
『白亜紀の生物　下巻』監修:群馬県立自然史博物館, 著:土屋 健, 2015年刊行, 技術評論社
『*ARCHAEOPTERYX*』(English Edition)著:Peter Wellnhofer, 2009年刊行, Verlag Dr. Friedrich Pfeil
『Dinosaur Paleobiology』著:Stephen L. Brusatte, 2012年刊行, WILEY-BLACK WELL
『JURASSIC WEST』著:John Foster, 2007年刊行, Indiana University Press
『NEW PERSPECTIVES ON HORNED DINOSAURS』編:Michael J. Ryan, Brenda J. Chinnery-Allgeier, David A. Eberth, 2010年刊行, Indiana University Press
『The Ecology and Biology of Mammal-like Reptiles』編:Nicholas Hotton III, Paul D. Maclean, Jan J. Roth, E. Carol Roth, 1986年, Smithsonian
『THE DINOSAURIA 2ed』編:David B. Weishampel, Peter Dodson, Halska Osmólska, 2004年刊行, University of California Press
『The Princeton Field Guide to Dinosaurs, 2nd Edition』 著:Gregory S. Paul, 2016刊行, A&C Black
『The Proboscidea』編:Jeheskel Shoshani, Pascal Tassy, 1996年刊行, Oxford Univ Pr.

Bruce R. Erickson, 1985, Aspects of some anatomical structures of *Champsosaurus* (Reptilia: Eosuchia), Journal of Vertebrate Paleontology, 5:2, p111-127

Caleb M. Brown, David R. Greenwood, Jessica E. Kalyniuk, Dennis R. Braman, Donald M. Henderson, Cathy L. Greenwood, and James F. Basinger, 2020 Dietary palaeoecology of an Early Cretaceous armoured dinosaur (Ornithischia; Nodosauridae) based on floral analysis of stomach contents. R. Soc. Open Sci. 7: 200305. http://dx.doi.org/10.1098/rsos.200305

Chang-Fu Zhou, Ke-Qin Gao, Richard C. Fox, Xiang-Ke Du, 2007, Endocranial morphology of psittacosaurs (Dinosauria: Ceratopsia) based on CT scans of new fossils from the Lower Cretaceous, China, Palaeoworld, 16, p285–293

Christen D. Shelton, P. Martin Sander, Koen Stein, Herman Winkelhorst, 2013, Long bone histology indicates sympatric species of *Dimetrodon* (Lower Permian, Sphenacodontidae), Earth and Environmental Science Transactions of the Royal Society of Edinburgh, 103, p1-20

Christian F. Kammerer, 2016, Systematics of the Rubidgeinae (Therapsida: Gorgonopsia). PeerJ 4:e1608; DOI 10.7717/peerj.1608

Dennis F.A.E.Voeten, Jorge Cubo, Emmanuel de Margerie, Martin Röper, Vincent Beyrand, Stanislav Bureš, Paul Tafforeau, Sophie Sanchez, 2018, Wing bone geometry reveals active flight in *Archaeopteryx*, Nature Communications, Vol.9, Article number: 923

Chris Venditti, Joanna Baker, Michael J Benton, Andrew Meade, Stuart Humphries, 2020, 150 million years of sustained increase in pterosaur flight efficiency, Nature, vol.587, p83-86

David W. E. Hone, Andrew A. Farke, Mahito Watabe, Suzuki Shigeru, Khishigjav Tsogtbaatar, 2014, A New Mass Mortality of Juvenile *Protoceratops* and Size- Segregated Aggregation Behaviour in Juvenile Non-Avian Dinosaurs, PLoS ONE, 9(11): e113306, doi:10.1371/journal.pone.0113306

David W. E. Hone, Dylan Wood, Robert J. Knell, 2016, Positive allometry for exaggerated structures in the ceratopsian dinosaur *Protoceratops andrewsi* supports socio-sexual signaling, Palaeontologia Electronica 19.1.5A: 1-13

D. E. Fastovsky, D. B. Weishampel, M. Watabe, R. Barsbold, KH. Tsogtbaatar, P. Narmandakh, 2011, A Nest of Protoceratops andrewsi (Dinosauria, Ornithischia), Journal of Paleontology, 85(6), p1035-1041

Gregory M. Erickson, Oliver W. M. Rauhut, Zhonghe Zhou, Alan H. Turner, Brian D. Inouye, Dongyu Hu, Mark A. Norell, 2009, Was Dinosaurian Physiology Inherited by Birds? Reconciling Slow Growth in *Archaeopteryx*, PLoS ONE 4(10): e7390, doi:10.1371/journal.pone.0007390

Gregory M. Erickson, Peter J. Makovicky, Philip J. Currie, Mark A. Norell, Scott A. Derby Christopher A. Brochu, 2004, Gigantism and comparative life-history parameters of tyrannosaurid dinosaurs, Nature, vol.430, p772-775

Jakob Vinther, Robert Nicholls, Stephan Lautenschlager, Michael Pittman, Thomas G. Kaye, Emily Rayfield, Gerald Mayr, Innes C. Cuthill, 2016, 3D Camouflage in an Ornithischian Dinosaur, Current Biology, 26, 1-7

James O. Farlow, Shoji Hayashiv, Glenn J. Tattersall, 2010, Internal vascularity of the dermal plates of *Stegosaurus* (Ornithischia, Thyreophora), Swiss J Geosci, DOI 10.1007/s00015-010-0021-5

Jasmina Wiemann, Tzu-ruei Yang, Mark A. Norell, 2018, Dinosaur egg colour had a single evolutionary origin, Nature, vol.563, p555-558

Jin Meng, Yaoming Hu, Yuanqing Wang, Xiaolin Wang, Chuankui Li, 2006, A Mesozoic gliding mammal from northeastern China, nature, vol. 444, p889-893

Joshua C. Mathews, Stephen L. Brusatte, Scott A. Williams, Michael D. Henderson, 2009, The First *Triceratops* Bonebed and its Implications for Gregarious Behavior, Journal of Vertebrate Paleontology, vol.29, Issue1, p286-290.

Julien Benoit, Paul R. Manger, Luke Norton, Vincent Fernandez, Bruce S. Rubidge, 2017, Synchrotron scanning reveals the palaeoneurology of the head-butting *Moschops capensis* (Therapsida, Dinocephalia). PeerJ 5:e3496; DOI 10.7717/peerj.3496

K. D. Angielczyk, L. Schmitz, 2014, Nocturnality in synapsids predates the origin of mammals by over 100 million years, Proc. R. Soc. B, Vol.281

Kohei Tanaka, Darla K. Zelenitsky, François Therrien, Yoshitsugu Kobayashi, 2018, Nest substrate reflects incubation style in extant archosaurs with implications for dinosaur nesting habits, SCIENTIFIC REPORT, 8:3170, DOI:10.1038/s41598-018-21386-x

Kohei Tanaka, Yoshitsugu Kobayashi, Darla K. Zelenitsky, François Therrien, Yuong-Nam Lee, Rinchen Barsbold, Katsu hiro Kubota, Hang-Jae Lee, Tsogtbaatar Chinzorig, Damdinsuren Idersaikhan, 2019, Exceptional preservation of a Late Cretaceous dinosaur nesting site from Mongolia reveals colonial nesting behavior in a non-avian theropod, Geology, 47(9), p843-847

K. T. Bates, P. L. Falkingham, 2012, Estimating maximum bite performance in *Tyrannosaurus rex*, using multi-body dy namics, Biol. Lett., doi: 10.1098/rsbl.2012.0056

Lars Schmitz, Ryosuke Motani, 2011, Nocturnality in Dinosaurs Inferred from Scleral Ring and Orbit Morphology, Scien ce, vol.332, p705-708

Larry F. Rinehart, Spencer G. Lucas, 2001, A statistical analysis of a growth series of the Permian Nectridean *Diplocaul us magnicornis* showing two-stage ontogeny, Journal of Vertebrate Paleontology, 21(4), p803-806

L. D. Boonstra, 1969, The fauna of the Tapinocephalus zone (Beaufort beds of the Karoo), Annals of the South African Museum. Annale van die Suid- Afrikaanse Museum, vol.56, p1-73

Mark B. Goodwin, William A. Clemens, John R. Horner, Kevin Padian, 2006, The smallest known *Triceratops* skull: new observations on ceratopsid cranial anatomy and ontogeny, Journal of Vertebrate Paleontology, vol.26, Iss ue1, p103-112

Mark P. Witton, Darren Naish, 2008, A Reappraisal of Azhdarchid Pterosaur Functional Morphology and Paleoecology. PLoS ONE 3(5): e2271. doi:10.1371/journal.pone.0002271

Markus Lambertz, Christen D. Shelton, Frederik Spindler, Steven F. Perry, 2016, A caseian point for the evolution of a diaphragm homologue among the earliest synapsids, Ann. N.Y. Acad. Sci., 1385(1):3-20. doi: 10.1111/ nyas.13264

Martina Stein, Shoji Hayashi, P. Martin Sander, 2013, Long Bone Histology and Growth Patterns in *Ankylosaurs*: Implic ations for Life History and Evolution, PLoS ONE, 8(7): e68590, doi:10.1371/journal.pone.0068590

Miriam Reichel, 2010, A model for the bite mechanics in the herbivorous dinosaur *Stegosaurus* (Ornithischia, Stegosau ridae), Swiss J. Geosc., vol.103, p235-240

Nicholas R. Longrich, John R. Horner, Gregory M. Erickson, Philip J. Currie, 2010, Cannibalism in *Tyrannosaurus rex*, Plos ONE, 5(10), e13419

Nizar Ibrahim, Paul C. Sereno, Cristiano Dal Sasso, Simone Maganuco, Matteo Fabbri, David M. Martill, Samir Zouhri, Nathan Myhrvold, Dawid A. Iurino, 2014, Semiaquatic adaptations in a giant predatory dinosaur, Science, vol.345, p1613-1616

Nizar Ibrahim, Simone Maganuco, Cristiano Dal Sasso, Matteo Fabbri, Marco Auditore, Gabriele Bindellini, David M. Ma rtill, Samir Zouhri, Diego A. Mattarelli, David M. Unwin, Jasmina Wiemann, Davide Bonadonna, Ayoub Ama ne, Juliana Jakubczak, Ulrich Joger, George V. Lauder, Stephanie E. Pierce, 2020, Tail-propelled aquatic locom otion in a theropod dinosaur, Nature, vol.581, p67-70

Oscar Arredondo, 1976. "The great predatory birds of the Pleistocene of Cuba." in Collected Papers in Avian Paleonto logy Honoring the 90th Birthday of Alexander Wetmore, p169-187.

Patricio Domínguez Alonso, Angela C. Milner, Richard A. Ketcham, M. John Cookson, Timothy B. Rowe, 2004, The avian nature of the brain and inner ear of *Archaeopteryx*, nature, vol.430, p666-669

Qi Zhao, Michael J. Benton, Corwin Sullivan, P. Martin Sander, Xing Xu, 2013, Histology and postural change during the growth of the ceratopsian dinosaur *Psittacosaurus lujiatunensis*, Nature Communications, 4:2079, DOI: 10.1038/ncomms3079

Qiang Ji, Zhe-Xi Luo, Chong-Xi Yuan, Alan R. Tabrum, 2006, A Swimming Mammaliaform from the Middle Jurassic and Ecomorphological Diversification of Early Mammals, Nature, vol. 311, p1123-1127

Qing-Jin Meng, David M. Grossnickle, Di Liu, Yu-Guang Zhang, April I. Neander, Qiang Ji, and Zhe-Xi Luo, 2017, New gliding mammaliaforms from the Jurassic, Nature, vol.548, p291-296

Quanguo Li, Ke-Qin Gao, Qingjin Meng, Julia A. Clarke, Matthew D. Shawkey, Liliana D'Alba, Rui Pei, Mick Ellison, Mark A. Norell, Jakob Vinther, 2012, Reconstruction of *Microraptor* and the Evolution of Iridescent Plumage, Scien ce, vol.335, p1215-1219

Paul J. Bybee, Andrew H. Lee, Ellen-Thérèse Lamm, 2006, Sizing the Jurassic Theropod Dinosaur *Allosaurus*: Assessing Growth Strategy and Evolution of Ontogenetic Scaling of Limbs, Journal of morphology, 267, p347-359

Rainer R. Schoch, 2002, The evolution of metamorphosis in temnospondyls. Lethaia, vol. 35, p309-327

Rainer R. Schoch, 2003, Early larval ontogeny of the Permo-Carboniferous Temnospondyl Sclerocephalus, Palaeontolo gy, vol.46, Part5, p1055-1072

Rainer R. Schoch, 2009, Life-cycle evolution as response to diverse lake habitats in paleozoic amphibians, Evolution, 63-10, p2738-2749

Rainer R. Schoch, Florian Witzmann, 2009, Osteology and relationships of the temnospondyl genus *Sclerocephalus*, Zo ological Journal of the Linnean Society, 157, p135-168

Ranga Redelstorff, Shoji Hayashi, Bruce M. Rothschild, Anusuya Chinsamy, 2014, Non-traumatic bone infection in stego saurs from Como Bluff, Wyoming, Lethaia, DOI: 10.1111/let.12086

Robert J. Knell, Darren Naish, Joseph L. Tomkins, David W.E. Hone, 2012, Sexual selection in prehistoric animals: detect ion and implications, Trends Ecol Evol., 28, p38-47. doi: 10.1016/j.tree.2012.07.015.

Robert R. Reisz, Diane Scott, Sean P. Modesto, 2022, Cranial Anatomy of the Caseid Synapsid *Cotylorhynchus rome ri*, a Large Terrestrial Herbivore From the Lower Permian of Oklahoma, U.S.A, Front. Earth Sci. 10:847560. doi: 10.3389/feart.2022.847560

Ryoko Matsumoto, Shin-ichi Fujiwara, Susan E. Evans, 2021, Feeding behaviour and functional morphology of the neck in the long-snouted aquatic fossil reptile *Champsosaurus* (Reptilia: Diapsida) in comparison with the mode rn crocodilian *Gavialis gangeticus*, Journal of Anatomy, 00, p1-21. Available from: https://doi.org/10.1111/ joa.13600

Sanghamitra Ray, Anusuya Chinsamy, 2003, Functional aspects of the postcranial anatomy of the permian dicynodont *Diictodon* and their ecological implications, Palaeontology, vol.46, Part1, p151-183

Shoji Hayashi, Kenneth Carpenter, Daisuke Suzuki, 2009, Different growth patterns between the skeleton and osteoder ms of *Stegosaurus* (ornithischia: thyreophora), Journal of Vertebrate Paleontology, 29(1), p123-131

Shoji Hayashi, Kenneth Capenter, Mahito Watabe, Lorrie A. Mcwhinney, 2012, Ontogenetic Histology of Stegosaurus pl ates and spikes, Palaeontology, vol. 55, Part 1, p145-161

Shoji Hayashi, Kenneth Carpenter, Torsten M. Scheyer, Mahito Watabe, Daisuke Suzuki, 2010. Function and evolution of ankylosaur dermal armor, Acta Palaeontologica Polonica, 55 (2), p 213-228.

T. Alexander Dececchi, Arindam Roy, Michael Pittman, Thomas G. Kaye, Xing Xu, Michael B. Habib, Hans C.E. Larss on, Xiaoli Wang, Xiaoting Zheng, 2020, Aerodynamics Show Membrane-Winged Theropods Were a Poor Gli ding Dead-end, iScience, 23, 101574

Trevor H. Worthy, Suzanne J. Hand, Michael Archer, R. Paul Scofield, Vanesa L. De Pietri, 2019 Evidence for a gia nt parrot from the Early Miocene of New Zealand. Biol. Lett. 15: 20190467. http://dx.doi.org/10.1098/ rsbl.2019.0467

Victoria Megan Arbour, 2009, Estimating Impact Forces of Tail Club Strikes by Ankylosaurid Dinosaurs, PLoS ONE, 4(8), e6738. doi:10.1371/journal.pone.0006738

William K. Gregory, 1926, The Skeleton of *Moschops capensis* Broom, a Dinocephalian reptile from the Permian of So uth Africa, Bulletin of the American museum of natural History, vol.LVI, p179-251

Xing Xu, Mark A. Norell, 2004, A new troodontid dinosaur from China with avian-like sleeping posture, Nature, vol.431, p838-841

Xing Xu, Xiaoting Zheng, Corwin Sullivan, Xiaoli Wang, Lida Xing, Yan Wang, Xiaomei Zhang, Jingmai K. O'Connor, Fuc heng Zhang, Yanhong Pan, 2015, A bizarre Jurassic maniraptoran theropod with preserved evidence of mem branous wings, nature, vol.521, p70-73

Yuong-Nam Lee, Rinchen Barsbold, Philip J. Currie, Yoshitsugu Kobayashi, Hang-Jae Lee, Pascal Godefroit, François Esc uillié, Tsogtbaatar Chinzorig, 2015, Resolving the long-standing enigmas of a giant ornithomimosaur *Deinoc heirus mirificusnature*, Nature, vol.515, p257-260

Zhe-Xi Luo, 2007, Transformation and diversification in early mammal evolution, Nature, vol.450, p1011-1019

PALEONTOLOGICAL ZOO
WELCOME

『古生物動物園』索引一覧（太字は見出しの生物）

『古生物動物園』索引一覧（太字は見出しの生物）

PALEONTOLOGICAL ZOO
WELCOME

学名	生物名
Pinacosaurus	ピナコサウルス
Prionailurus bengalensis	ベンガルヤマネコ
Protoceratops	プロトケラトプス
Psittacosaurus	プシッタコサウルス
Quercus glauca	アラカシ
Quercus myrsinifolia	シラカシ
Quetzalcoatlus	ケツァルコアトルス
Salvelinus leucomaenis	イワナ
Sclerocephalus	スクレロセファルス
Smilodon	スミロドン
Sorghum bicolor	ソルゴー
Southern Pudu	プーズー
Spinosaurus	スピノサウルス
Stegosaurus	ステゴサウルス
Strigops habroptilus	カカポ
Struthio camelus	ダチョウ
Tapirus indicus	マレーバク
Tenontosaurus	テノントサウルス
Toyotamaphimeia machikanensis	マチカネワニ
Trachurus japonicus	マアジ
Triceratops	トリケラトプス
Tupandactylus	ツパンダクティルス
Tyrannosaurus	ティラノサウルス
Ursus arctos	ヒグマ
Ursus maritimus	ホッキョクグマ
Varanus komodoensis	コモドオオトカゲ
Varanus salvator	ミズオオトカゲ
Volaticotherium	ヴォラティコテリウム
Weigeltisaurus	ウェイゲルティサウルス
Yi	イー

『古生物動物園』学名一覧

学名	生物名
Alligator mississippiensis	アメリカアリゲーター
Allosaurus	アロサウルス
Amblyrhynchus cristatus	ウミイグアナ
Andrewsarchus	アンドリューサルクス
Andrias japonicus	オオサンショウウオ
Ankylosaurus	アンキロサウルス
Archaeopteryx	始祖鳥
Athene cunicularia	アナホリフクロウ
Bombyx mori	シルクワーム
Borealopelta	ボレアロペルタ
Bos taurus	ウシ
Canis lupus familiaris	イヌ
Carassius auratus auratus	キンギョ
Castorocauda	カストロカウダ
Casuarius casuarius	ヒクイドリ
Champsosaurus	チャンプソサウルス
Choeropsis liberiensis	コビトカバ
Coelurosauravus	コエルロサウラヴス
Cotylorhynchus	コティロリンクス
Crocodylus porosus	イリエワニ
Crocuta crocuta	ブチハイエナ
Cyprinus carpio	コイ
Deinocheirus	デイノケイルス
Deinonychus	デイノニクス
Diatryma	ディアトリマ
Diictodon	ディイクトドン
Dimetrodon	ディメトロドン
Diplocaulus	ディプロカウルス
Elephas maximus	アジアゾウ
Eohippus	エオヒップス
Equus caballus	ウマ
Eryops	エリオプス
Europasaurus	エウロパサウルス
Felis silvestris catus	ネコ
Galleria mollonella	ハニーワーム
Gallus gallus domesticus	ニワトリ
Gastornis	ガストルニス

学名	生物名
Gavialis gangeticus	インドガビアル
Gnathonemus petersii	エレファントノーズフィッシュ
Hippopotamus amphibius	カバ
Hyphalosaurus	ハイファロサウルス
Inostrancevia	イノストランケヴィア
Loxodonta africana	アフリカゾウ
Mamenchisaurus	マメンチサウルス
Mammut borsoni	マムート・ボルサニ
Mammuthus primigenius	ケナガマンモス
Medicago sativa	ルーサン
Mei	メイ
Miacis	ミアキス
Microraptor	ミクロラプトル
Misgurnus anguillicaudatus	ドジョウ
Moeritherium	メリテリウム
Moeritherium	モエリテリウム
Moschops	モスコプス
Nipponosaurus	ニッポノサウルス
Odobenus rosmarus	セイウチ
Oncorhynchus masou masou	ヤマメ
Opisthocomus hoazin	ツメバケイ
Ornimegalonyx	オルニメガロニクス
Ornithorhynchus anatinus	カモノハシ
Palaemon paucidens	カワエビ
Palaeocastor	パレオカスター
Palaeoloxodon falconeri	パレオロクソドン・ファルコーネリ
Palaeoloxodon falconeri	ファルコーネリゾウ
Palaeoloxodon naumanni	ナウマンゾウ
Palaeoloxodon naumanni	パレオロクソドン・ナウマンニ
Panthera leo	ライオン
Panthera onca	ジャガー
Panthera uncia	ユキヒョウ
Pantodon buchholzi	バタフライフィッシュ
Petaurus breviceps	フクロモモンガ
Phasianus versicolor	キジ

ABC索引（太字は見出しの生物）

高崎竜司(たかさき・りゅうじ)

カナダのトロント大学にて、ハドロサウルス科の記載分類・恐竜類の胃の進化などに取り組む。動物園の鉄格子と堀の向こうに熊がいると安心しますね。野生の熊は怖いです。古生物動物園が実現する際には、檻だけはしっかりしてもらいましょう。

田中公教(たなか・とものり)

兵庫県立大学自然・環境科学研究所特任助教。県立人と自然の博物館の研究員を兼務。北海道大学大学院理学院にて博士課程を修了。博士(理学)。専門は古脊椎動物学で、原始的な角竜類の系統分類学や中生代鳥類の水生適応進化などについて研究しています。博物館で化石標本から動物の進化や体のつくりについて学んだあとは、動物園に行って生きた動物を観察してみましょう。きっと、新たな発見がたくさんあって楽しいですよ。

千葉 謙太郎(ちば・けんたろう)

1985年北海道札幌市生まれ。2011年北海道大学理学院修士課程修了。2018年トロント大学生態学進化生物学科にて博士号取得。現在、岡山理科大学生物地球学部講師。カナダやモンゴルで発掘調査をおこない、ケラトプス類恐竜の分類と進化を中心に研究をしている。

動物園にまつわる思い出は、小学生のときに札幌市円山動物園で一日飼育員体験に参加し、ワニやダチョウの世話のお手伝いをさせていただいたこと。

林 昭次(はやし・しょうじ)

岡山理科大学生物地球学部生物地球学科准教授・博士(理学)。骨の内部構造から脊椎動物の大型化・小型化の要因や水棲適応について研究しています。恐竜類・首長竜類・束柱類などの絶滅種から、現在生きている野生動物(シカ・ペンギン・オオサンショウウオなど)までさまざまな動物たちを研究対象としています。

私が住む場所は動物園の近くであることが多かったため、子どものころから動物園はとても身近な存在でした。私にとって動物園は、生き物の不思議について考えるための場所であり、私の現在の原点の1つの場所であるといえます。

松本涼子(まつもと・りょうこ)

神奈川県立生命の星・地球博物館学芸員。英国 University College London(ロンドン大学)で PhD を取得。日本学術振興会特別研究員として国立科学博物館に在籍後、現職に至る。絶滅水性爬虫類のコリストデラ類を専門とし、現生動物の顎や首の解剖をしながら、絶滅した動物がどうやって獲物を捕らえて食べていたのかを復元している。自宅では研究用に動画を撮るためミツユビアンフューマを10年ほど飼育中。

学生時代に動物園で撮影したいろいろな爬虫類の糞の写真が出てきました。糞化石の研究の参考に集めたものだったようです。動物園は研究題材の宝庫だと改めて思いました。

監修者紹介　※敬称略

【飼育監修】

佐野祐介（さの・ゆうすけ）

2005年に岩手大学農学部獣医学科を卒業後、大阪の天王寺動物園で獣医師として勤務。子どものころの愛読書は図鑑（笑）。恐竜等にもどっぷりで、恐竜展には足を運んでしまう。本書の監修にあたり、現生動物を基準に古生物の飼育条件を設定してみたが、こんな広さの飼育スペースを整備したら、コストがとんでもないことになるので、現代に恐竜がいたとしても絶対飼育できないなと改めて思い知らされた。そして、彼らが大きすぎるがゆえに、実際には獣医師の出番は少ないだろうな（手が出せないから）…と想像でき、少し寂しくもあり…。

【古生物動物園研究者チーム】

奥村よほ子（おくむら・よほこ）

栃木県佐野市の葛生化石館で学芸員をしています。石灰岩の中から見つかる古生代の小さな化石が専門です。とくに古生代ペルム紀に一番興味があります。化石でしか出会えない、今は生きていない古生物たちの姿を想像するとワクワクします。
動物園の思い出といえば、ふれあいコーナーが大好きで、動物園に行ったときには必ずモルモットをだっこしてふわふわの毛並みをなでるのがルーティンでした。

北川博道（きたがわ・ひろみち）

長野県長野市生まれ。島根大学総合理工学部卒、京都大学大学院博士課程修了。京都大学博士（理学）。京都大学大学院理学研究科教務補佐員を経て2012年から埼玉県立自然の博物館学芸員。その後埼玉県教育局文化資源課を経て、現在埼玉県立自然の博物館主任学芸員。赤ん坊の時に振り回して遊んでいたお気に入りのオモチャが、地元でとれたカキの化石だということに気づいたことから、化石に興味を持つようになり、古生物学の道に進む。専門は古脊椎動物学。特にナウマンゾウを中心とした第四紀哺乳類化石ほか、新第三紀中新世を代表する大型哺乳類化石であるパレオパラドキシアについても研究。近年は、文化財としての化石資料の保存と活用について積極的に取り組んでいる。

木村由莉（きむら・ゆり）

国立科学博物館地学研究部生命進化史研究グループ研究主幹。早稲田大学教育学部卒業。米国サザンメソジスト大学地球科学科にて修士号および博士号を取得。専門は陸生哺乳類の古生態と進化史。著書に『もがいて、もがいて、古生物学者 !!』（ブックマン社）、監修に『きょうりゅうのたまごをさがせ』（理論社）など多数。
ハイスピードカメラを片手にカピバラさんたちが餌を食べる様子などを眺めることが春の恒例行事になっている。

久保田 克博（くぼた・かつひろ）

1979年、群馬県生まれ。2002年、筑波大学第一学群自然学類卒業。2008年、筑波大学大学院生命環境科学研究科修了。博士号取得。神流町恐竜センター学芸員を経て、現在は兵庫県立人と自然の博物館研究員。獣脚類恐竜を中心に、恐竜の記載や系統関係について研究している。

著　者　土屋　健
イラスト原案　黒丸
絵・地図　土屋　香
飼育監修　佐野祐介（地方独立行政法人 天王寺動物園）
生物監修　古生物動物園研究者チーム
奥村よほ子　北川博道　木村由莉
久保田 克博　高崎竜司　田中公教
千葉 謙太郎　林 昭次　松本涼子
編　集　伊藤あずさ
装丁・造本　横山明彦（WSB inc.）

『古生物動物園のつくり方』
書籍ページ。書籍の情報をはじめ、
正誤表などの情報をご覧いただけます。

生物《せいぶつ》ミステリー

古生物動物園《こせいぶつどうぶつえん》のつくり方《かた》　プロが真面目《まじめ》に飼育施設《しいくしせつ》を考《かんが》えてみた

発行日　2024年 1月 5日 初版 第1刷 発行

著　者　土屋《つちや》　健《けん》
発行者　片岡　巌
発行所　株式会社技術評論社
東京都新宿区市谷左内町21-13
電　話　03-3513-6150　販売促進部
03-3267-2270　書籍編集部
印刷・製本　大日本印刷株式会社

ISBN978-4-297-13967-4 C3045
Printed in Japan

※本編の情報は、あくまでも本書用の設定にもとづいたフィクションです。実在の組織・団体等とはいっさい関係ありません。